数学原来这么有趣！

越玩越聪明的

数学魔法

［英］安娜·克莱伯恩 著

徐廷廷 译

让你的朋友们大开眼界吧！

长江出版传媒 ｜ 长江文艺出版社

图书在版编目（CIP）数据

越玩越聪明的数学魔法 /（英）安娜·克莱伯恩著；
徐廷廷译 . -- 武汉：长江文艺出版社，2022.9
　ISBN 978-7-5702-2502-6

Ⅰ . ①越… Ⅱ . ①安… ②徐… Ⅲ . ①数学－青少年
读物 Ⅳ . ① O1-49

中国版本图书馆 CIP 数据核字（2022）第 016627 号

越玩越聪明的数学魔法
YUE WAN YUE CONGMING DE SHUXUE MOFA

图书策划：陈俊帆
责任编辑：雷　蕾　付玉佩　　　　　责任校对：毛季慧
装帧设计：格林图书　　　　　　　　责任印制：邱　莉　胡丽平

出版　长江出版传媒 | 长江文艺出版社
地址：武汉市雄楚大街 268 号　　　邮编：430070
发行：长江文艺出版社
http://www.cjlap.com
印刷：武汉中科兴业印务有限公司

开本：720 毫米 ×920 毫米　1/16　　印张：8
版次：2022 年 9 月第 1 版　　　2022 年 9 月第 1 次印刷
字数：35 千字

定价：32.00 元

版权所有，盗版必究（举报电话：027—87679308　　87679310）
（图书出现印装问题，本社负责调换）

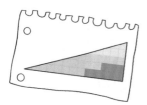

目录

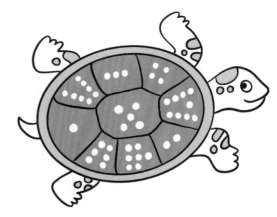

引言

如果你想了解各种各样的烧脑数学魔法、思维游戏、数学挑战以及神秘的数学现象，这本书正好适合你。你一定不会相信，数字居然能做那么多神奇的事！

数学是什么？

你在学校学过数学，应该知道数学是什么。可它到底是什么呢？

数学是一门关于数字、测量和计算的科学。它不仅仅是学校里的一门课，许多学科中都会用到数学。日常生活也离不开数学。数学对下面几项日常活动非常重要：

日期和钟点让我们知道什么时候该干什么事……

货币系统帮助我们购物、存钱、挣工资……

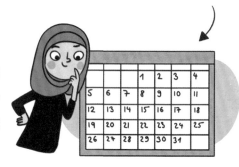

测量工具帮我们盖起稳固的房子，告诉我们用多少配料能做出蛋糕……

计算出角度和方向，我们就能让宇宙飞船登上月球……

用数字标注序号，就能找到正确的地址、公交线路和鞋码。

数学适用于全世界的所有人。因为所有地方的数字原理都是一样的。

不过，你越研究数字世界，就越会感到神秘和神奇。怎样把一条纸带剪成两半，同时让它保持不断？怎样凭空变出一个正方形？用什么秘诀能随手画出完美的星星？如何制作一张不可思议的纸？创造（几乎）不可能破译的密码？或是骗到你的朋友，让他们以为你会读心术？

……还有，阿基米德到底在浴缸里发现了什么？

这本书里全是超酷的数学实验和数学小技巧，各种奇思妙想绝对挑战你的脑力。先尝试自己解开谜题，再考考朋友和家人吧！

正方形神秘失踪

我们的第一个小魔法，是让一个正方形出现和消失——凭空出现哦！弄清楚原理后，就演示给朋友和家人看吧！他们肯定惊呆了。

魔法开始

先来看这个三角形拼图。它是由四个图形拼成的。

背景是方格纸，所以你能看出每块图形的长和宽各占多少方格。

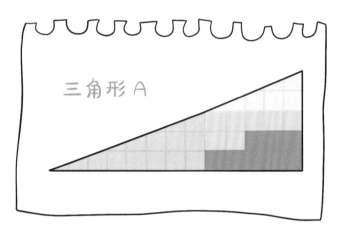

一个完美却很普通的三角形——没什么特别呀！

明白了吗？现在看下面的三角形。组成它的四块图形跟上图完全一样，只是排列位置变了。底和高跟上图相同，所有四个组成部分也一模一样。可是……它里面却缺了一块！怎么回事？

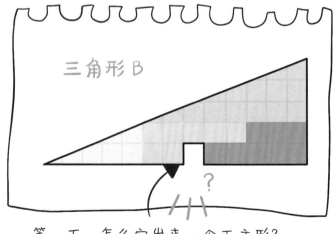

等一下，怎么空出来一个正方形？

为什么？

到底怎么回事？哈哈，我们骗你了。这两个可**不是**普通的三角形——其实根本不是三角形。拿着尺子分别靠近两个三角形的斜边，就会发现它们都不是直线。在三角形 A 中，图形 1 和图形 2 连接的地方略微凹下去了。

四个图形重新排列成三角形 B 时，斜边又会略微向上凸起。

差别非常小，所以第一眼看上去，两个三角形很正常。可就因为这一点点小差别，三角形 B 比三角形 A 大出一个方格来。

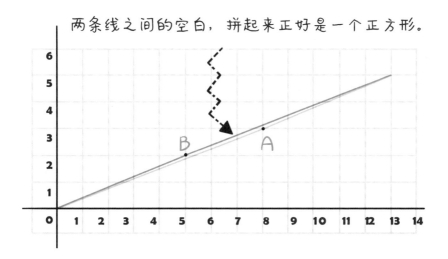

两条线之间的空白，拼起来正好是一个正方形。

你知道吗？

要是你想骗骗朋友，可以在方格纸上画出图形，剪下来。然后在另一张方格纸上重新排列。

这时候就会出现一个多余的方格。

几个正方形?

这个实验很简单，只要数正方形就可以了。那能有多难呢？

实验开始

这幅图里，你能看到几个正方形？数一数吧！花多长时间都行。可以让朋友或家人也试试。让每个人写下答案，然后比较一下。

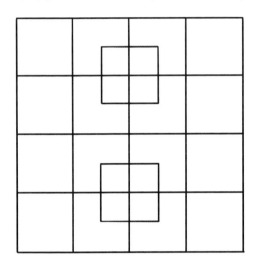
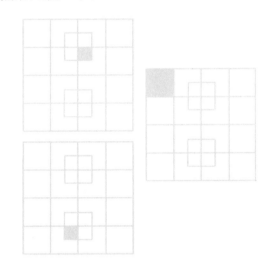

怎么样？数出 40 个正方形了吗？没有也不要紧——因为大多数人都数不出来。（要是你真的数出了 40 个正方形，那么恭喜！你是一个数学天才！）

小正方形很容易数。

不过你也得把中号的正方形数出来。

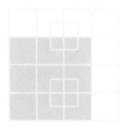

为什么？

这道题很容易骗到你，因为你可能没注意，里面的线条不仅会组成小正方形，还会组成一些不容易发现的大正方形。

不要忘记外面这个最大的正方形！

三角形有多少

现在你知道了方法，再来数这个组合三角形就是小菜一碟了。

魔法开始

看看右边这幅图。你能数出几个三角形？
看着简单，却要细心——其实可难了！

要是无从下手，就从最小号的开始数吧。
数完小的，再数更大一号的，然后再大一号，以此类推。
用这个方法，加上足够的细心，你就能数出全部 24 个三角形。

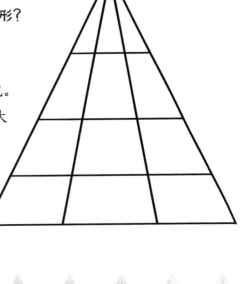

为什么？

有人觉得这道题比正方形那道还难。数出全部三角形真的很难。记住哪些已经数过了也不容易。

如果你想数得清清楚楚（而且时间充足），可以把这个图形多画几遍，给每个三角形分别涂色。

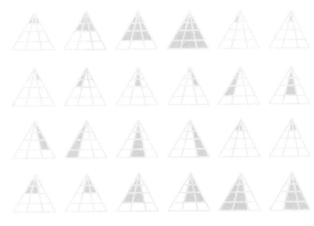

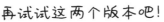
再试试这两个版本吧！

形状拉拉看

这个小魔法用数学原理画出了一个巧妙的拉伸图。从合适的角度观察，你又会看到完全正常的画面！瞧，数学与艺术相遇了！

魔法开始

这种画叫作"变形"画。被艺术家们用来制作隐藏图像和 3D 效果图。花多长时间都行。比如这个：

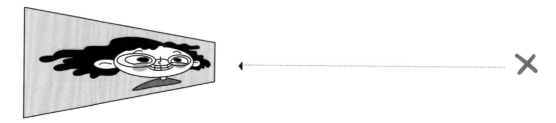

瞧，这幅画被拉得变形了。现在，把一只眼睛靠近纸上的 X 标记，再看一次。画面看上去变正常了！试试这个小魔法——你需要两张网格纸，下图这种：一张拉伸的，一张正常的。你可以复印下面这两张，也可以自己画。

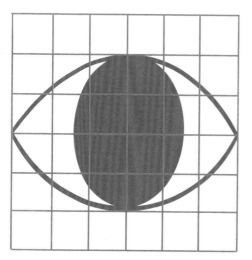

在正常的网格纸上画一幅正常的画。然后临摹到拉伸的网格纸上。一次临摹一个格子，让线条和形状拉伸到合适的位置，像这样：

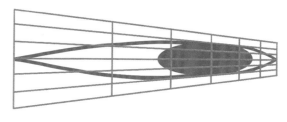

最后把拉伸网格上的画临摹到一张白纸上。要是喜欢，你还可以画点阴影。从画面的一端观察，你会发现这幅图完全正常。

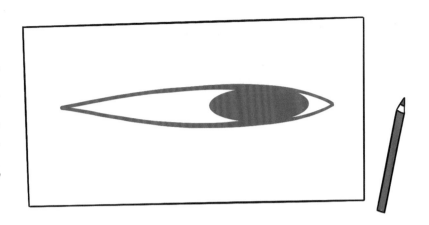

为什么？

如你所知，物体越远，**看上去就越小。**画画时，如果让画面向一端伸展，越变越大，就会抵消掉越远越"缩小"的效果。这时候再从合适的角度观察，变大的部分就好像缩回正常大小了。

试试看！

用这个方法在纸上画一只球，从底端观察，会发现它像是飘浮在空中，非常立体！把球的上半部分的白色背景纸剪掉，再在球下面画上阴影，它会变得更加立体。

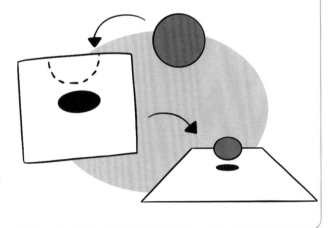

星星随手画

你想不想只用几个点，就画出完美的星星？

机会来了！试试这个简单的技巧——画星星的神秘数学公式。

魔法开始

先用圆规画一个圆，照着圆的东西描一个也行。要是想画简单的五角星，就沿着圆圈均匀地标出五个点。

然后从一个点出发，画一条线，把它与第三个点连起来，如下图。继续连线，不是连下一个点，而是连下下一个点。全部连完，最后回到起点。

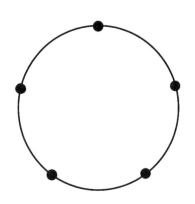

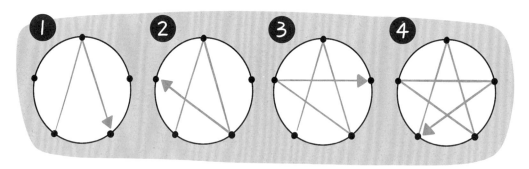

最后，擦掉圆圈和多余线条，或者给星星涂上颜色。

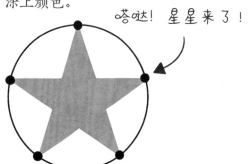

哒哒！星星来了！

简单吧？还有更厉害的呢！用这个办法，你能画出其他类型的星星。首先，在圆圈上画任意数量的点。然后连线，把每个点跟下下一个点连起来。要是想画出更尖的星星，你可以每隔两个点，甚至三个点连线。

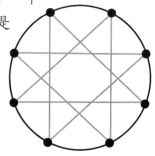

如果你回到了起点，却还没画出想要的星星，就再画几个点，重复一遍这个过程，像这样：

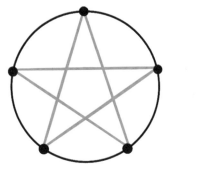 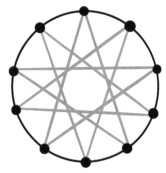

为什么？

星星是多边形的一种，多边形是由直边构成的数学图形。将圆圈上的点连成线时，如果每次都隔开相同数目的点，那么每两条边的夹角度数也会相同，星星看起来就会非常规则。

可以把星星画进画里、用作装饰，也可以做成挂饰。

不准重复走过的路

这个小魔法被称为欧拉问题，以瑞士天才莱昂哈德·欧拉的名字命名。18 世纪时，他花了数年时间思考这些难题。

魔法开始

这是一道简单的欧拉问题，被称作欧拉的房子。挑战是把这个图形画在纸上。简单吧？不过，图形必须一笔画成，中间不能间断，也不能重复画过的线条。（线条可以交叉。）

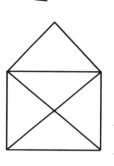

能做到吗？真的能哦！只要从图形底部的一个顶点出发，在另一个顶点结束，就能做到。一共有好几种画法。看，这是其中一种：

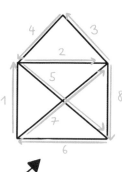

再试试这个！更难了吧？其实这个图形根本没法一笔画成！

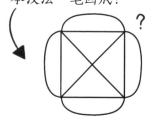

还有这些。只用眼睛看的话，你知道哪些能一笔画成，哪些不能吗？

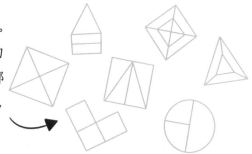

为什么？

同一条线不允许画两次。所以，当你沿着一条线来到一个连接点时，必须沿着另一条线离开。这就意味着，每个连接点上的线条数量必须是双数，只有起点和终点上的线条才可以是单数。就这么简单！

这里还有个差不多的，但是更加刁钻！用它考考朋友或家人吧！

魔法开始

让他们先画一个圆，圆心处再画一个点。整个过程中笔尖不能离开纸面。

要是他们被难住了，就这样教他们：先画出圆心，
再把纸的一个角折起来，让直角碰到圆心。

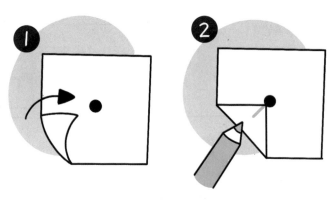

从圆心出发，在折过来的纸上画一条直线。以这条直线为半径画圆，
打开折角，就能把圆画完。

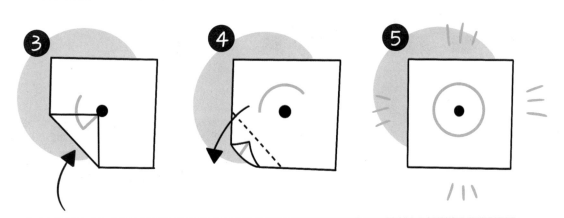

为什么？

乍一看根本画不出来——除非你能想到，每张纸都有两个面。

（除了第 50 页的纸。不过，那是另外一回事了……）

奇怪的咖啡墙

这个奇怪的魔法能让直直的纸条瞬间变弯!

魔法开始

首先,你需要制作一张棋盘格图纸。找一张白纸,用尺子和铅笔画出方格图。每条线大概间隔 2.5 厘米。

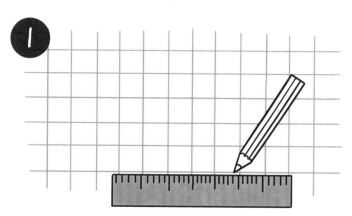

再用笔把相互间隔的方格涂黑。照着左图,做成棋盘的样子。

然后沿着横线把棋盘剪成一个个长条,像这样……

最后,将纸条横放,一张挨一张摆好,黑色的方格不要完全对齐,而是前后略微交错,摆成波浪状。像这样……

最后的视觉效果是这样的！

只要你摆对位置，就会发现这些纸条忽然变得弯弯曲曲——可你知道，它们明明是直的呀！

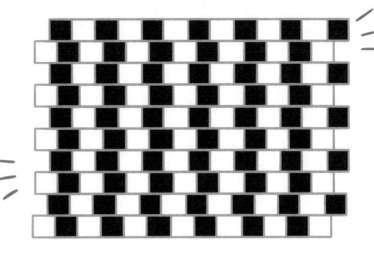

为什么？

这种魔法效果，是你的大脑感知直线和曲线的方式造成的。因为纵向上的小黑格没对齐，大脑就觉得小黑格在往下压小白格，所有小黑格都在压，横向上的直线就像被压弯了一样。

当着朋友和家人的面画一张棋盘格，秀一秀这个魔法！
向他们证明，这些纸条真是直的。

你知道吗？

这种现象叫作"咖啡墙错觉"。首先是在一家咖啡馆的外墙上发现的。那面墙的瓷砖就组成了这种图案。

圆环变方框

你要是表演这个魔法，绝对让所有人大吃一惊——你居然能把两个圆环合成一个方框！只需要两张纸、胶带、剪刀和神奇的数学知识。

魔法开始

先做两个纸环。剪两张约 2.5 厘米宽、20 厘米长的纸条。把纸条弯成两个纸环，分别用胶带粘好。

让大家看着这两个纸环。告诉大家你能把它们变成一个正方形。他们能猜到怎么变吗？我敢说，你肯定猜不到！

下面是具体步骤：让两个纸环互相垂直，构成一个直角。再用胶带把连接处粘牢。

拿出剪刀，沿着其中一个环的中间开始剪，直到把它剪成两半。现在你会得到这样形状：

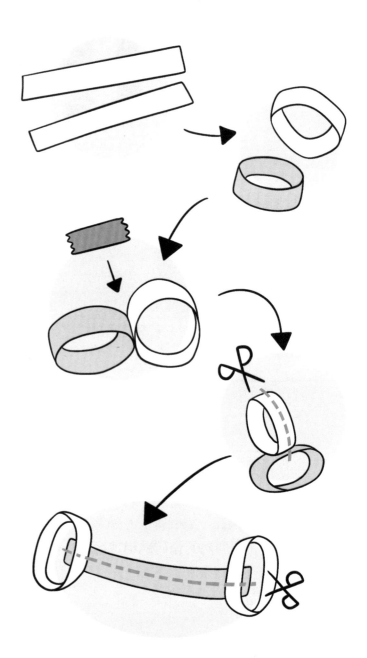

最后，把中间的纸条沿着中线剪成两半。看，正方形出现了！

为什么？

两个圆环怎么看也不像正方形。不过，粘在一起就不一样了。两个圆环连接处的直角就是正方形的四个直角——只是合在一起了。纸环就是正方形的边——只是被弯成了圆形。沿着中线剪开，就会把这些边和角分开，一个正方形就诞生了！

穿过明信片

下一个魔法：向你的观众展示一张普通的明信片，告诉他们，你可以穿过它。（只要这张明信片没人要就行！）

实验开始

很快，大家都会来问你，到底是怎么穿过一张明信片的。

操作方法在这里。（你可能需要提前演练一下！）

将明信片从中间对折，有画的那面朝里。

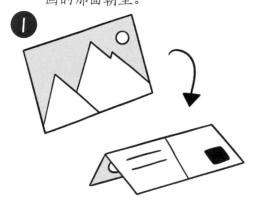

取一支铅笔，在折好的明信片上画出下面的线条。

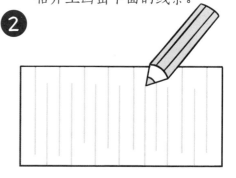

沿着每条直线，小心地用剪刀剪开，注意不要剪到底。

从这里开始剪

打开明信片，沿着中间的折痕再剪一刀。

从这里开始剪

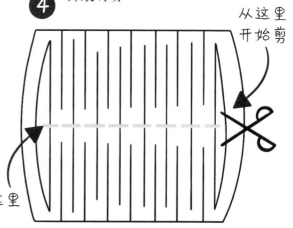

剪到这里

5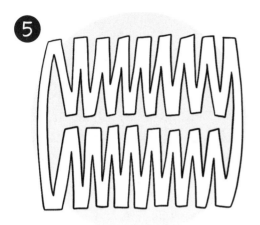

小心地把它拉成一个圆环。

6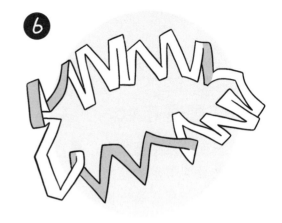

从中间穿过去吧！

为什么？

　　你在明信片上画的线条剪开后会变成许多相连的"之"字形。于是，明信片就成了一个又细又长，而且不间断的纸条。如果线条画得更密，最后剪出的纸条就会更细更长。你觉得，还能把纸条画多细，把纸环做多大，并且让它保持不断？试试看吧！（如果你还有多余的明信片。）

画个完美的圆

你能不用圆规就画出一个完美的圆吗？数学来帮忙了！

魔法开始

在各种美术作业中，画圆都是非常有用的技能。你还能用这个技巧画出圆的一部分——比如彩虹。

你只需要一支铅笔和一张纸。正常握笔，用中指的指甲抵住纸面。

除了中指指尖，手的其他部分都不能碰到纸。笔尖抵住纸面，用另一只手把纸转一圈。与此同时，中指和笔尖保持不动。看，铅笔画出了一个圆！

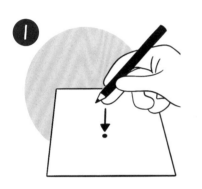

想画更大的圆，就要用到小拇指或手腕。

为什么？

圆圈上的每个点到圆心的距离都是一样的。这个距离叫半径。

所以，让笔尖和指尖的距离保持不变，让纸绕着指尖旋转，就会画出一个圆！圆规也是这样工作的。

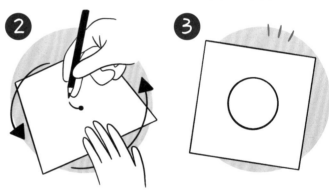

r

半径

画出完美的螺旋

还有一个巧妙的绘画魔法，这次是画螺旋。

魔法开始

先用尺子和铅笔在纸上画一排点，每个点间隔大约1厘米。

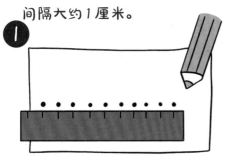

② 从中间的点出发，画一个半圆，连接到下一个点。

③ 再从这个点出发，画一个更大的半圆，连到对面那个还没连过的点上。

④ 继续画半圆，连接到对面的下一个点。最后就会画出一个螺旋！

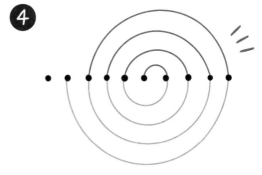

为什么？

心形很难画，不过数学可以帮上忙！

只需要画两个圆和一个正方形，像这样相互重叠，

擦掉多余的部分，就是一颗心了！

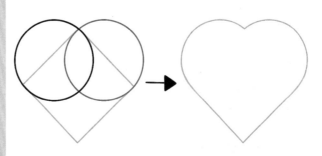

发现体积

体积告诉我们一个立体的东西会占据多大空间。有时候，计算体积并不简单。直到有位超级天才想出了一个绝妙的主意！

魔法开始

在数学中，经常会遇到需要计算立体图形体积的情况。规则的立体图形很容易算出体积，比如正方体。

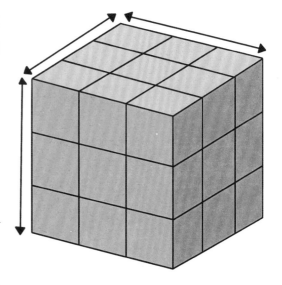

这个正方体长 3cm，宽 3cm，高 3cm。

要计算体积，把它们相乘就可以了：
长度 × 宽度 × 高度
$3cm × 3cm × 3cm = 27cm^3$（27 立方厘米）

可是，那些更复杂，而且难以测量的形状呢？该怎么计算它们的体积？

大约 2200 年前，同样的问题也困扰着一位古希腊发明家兼科学家阿基米德。因为国王要求他算出一顶金王冠的体积。

根据传说，阿基米德洗了个澡。他沉进水里，发现水位上升了。"尤里卡！"他喊道！（这是古希腊语，意思是"我发现了！"）他解出了难题！

他只需要把王冠扔进水里，测量水位上升了多少就可以了！

为什么?

阿基米德意识到,躺进浴缸后,他的身体把一些水推开了——或者说"替换"掉了。

如果他给一只罐子装水,装得满满的。然后把王冠扔进去,一些水就会被挤出罐子。王冠替换掉的水的体积就等于王冠本身的体积。所以,他只需要测量溢出来的水的体积就行了。

尤里卡!

像埃舍尔那样镶嵌

M.C.埃舍尔是一位充满数学灵感的著名荷兰艺术家。

他的画包含了各种各样的图像和形状，尤其是平面镶嵌图形——一种可以完美拼合（又叫镶嵌）的形状，你可以用它们完全填满一个平面。

 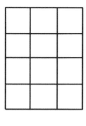 

许多简单的形状都能用作镶嵌……

只要你知道方法，就能像埃舍尔那样做出更有趣的镶嵌作品，像这些：

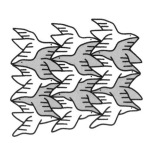  

魔法开始

现在就教你设计属于自己的超酷镶嵌瓷砖！

1

先在纸上画一个正方形或长方形。用尺子画，确保它整齐、规则。有条件的话可以用方格纸或坐标纸。画好后剪下来，这就是你的一片瓷砖。

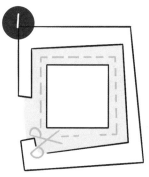

2

从瓷砖顶部到底部画一条波浪线或锯齿线。沿线把瓷砖剪成两半。

两部分调换一下位置，让直边相对，像这样：

用胶带把它们粘在一起。再从左到右画一条线。

沿线剪成两半。把它们互换位置，让直边碰在一起：

用胶带粘住。只要用这种方法，不管做出来什么图形，都能进行平面镶嵌。

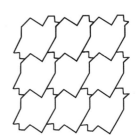

用厚纸做出镶嵌图形，在它周围画出相同的图形，就能做出右图这样的镶嵌图：

多练练，你就能用这个方法制作出动物、字母或其他样子的镶嵌瓷砖。

为什么？

要镶嵌，瓷砖必须能完美地互相拼接。通过剪出新边缘，再将直边合在一起的方式，就能让每块瓷砖的边缘与下一块完美贴合。

这只是个开始，镶嵌还有复杂得多的形式！比如，你能做出两块不同形状的瓷砖，让它们组成一幅镶嵌图吗？

分形树

分形是一种特殊的数学图形。只要遵循同一条简单的规则，你就可以一直添加图形，这样就能画出很酷的画。

魔法开始

我们从最简单的开始。这个分形图正合适。

先画一个树干，再画两个分支。每个分支上画两个小点的分支。小点的分支上，再分别画两个更小的……以此类推！

很快你就会画出一棵树，可以再加上水果、叶片，加什么都行。

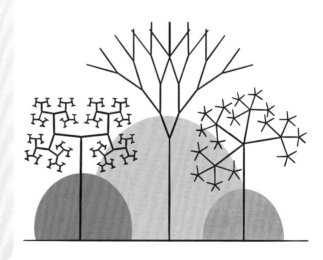

为什么？

分形图中的每个部分都是对整体的重复。只要空间够，就可以一直添加越来越小的部分。

你可以改变规则，只要每次都重复它们就行。要是每次都添加三个分支会怎么样？在每一个连接点上都画一个圆呢？你的画没有尽头……

分形雪花

这里还有一种分形图，看起来很像雪花。

魔法开始

从一个等边三角形开始吧！等边三角形的三条边全都一样长。

这个分形图的规则是：遇到直边就分成三等份。再以中间的一份作为边，画一个新的等边三角形。

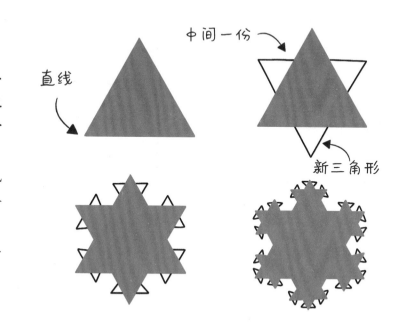

直线

中间一份

新三角形

无穷无尽的三角形

还有这个——"谢尔宾斯基三角形"。用绿色画出来很像圣诞树。

魔法开始

画一个顶点朝上的等边三角形，像这样：

接着在里面画一个小的倒三角。现在你有四个小三角了。找出所有的正三角，分别在里面画上更小的倒三角……以此类推！

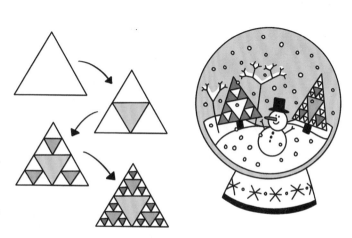

点点和方格

与其说是魔法，不如说是游戏——但是依然能骗到你的对手！
需要两个人，不同颜色的钢笔或铅笔，还有一些坐标纸。

魔法开始

先在纸上画一些点，让它们排成方阵。用记号笔或毡头笔画会比较显眼。

第一次尝试不用画太大。像右图这样六行六列就够了。

坐标纸

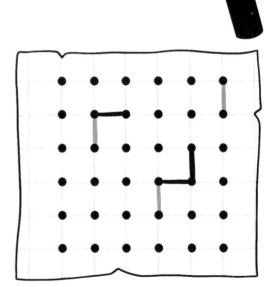

1 画一条横线或竖线，连接任意两点。这就是第一步。

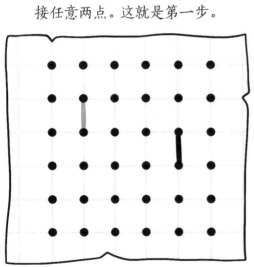

2 一人走一步，两人轮流来。每一步都要画一条新线，把两个没连过的点连起来。

3 如图，要是你画的线围出了一个完整的方格，你就得一分。每得一分，你就要给方格涂上颜色，而且能多走一步。

继续轮流画线。直到所有的格子都涂满颜色，没线可画为止。谁的方格多，谁就是赢家。

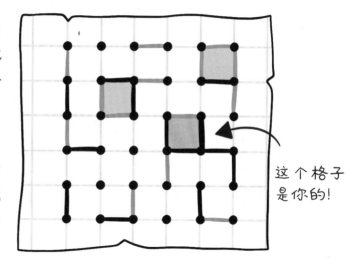

这个格子是你的!

为什么?

听起来很容易——规则的确很简单。但你马上就会发现，自己在绞尽脑汁，寻找各种投机取巧的办法。比如用算数学题的方法推测，每个人还剩多少步？怎样走下一步才能得分？

怎样才能让自己有机会完成一个格子，而不让对手做到？

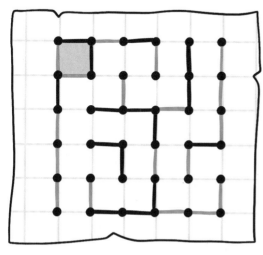

你能做出这样的长"走廊"吗？这样就能快速围出许多格子。

下一个是几

观察这串数字，你觉得下一个应该是几？

不难吧？这是一个很简单的数列。每次增加 2，所以你能算出下一个数字是 15。

答案： 先加 1，再加 2，再加 3。以此类推，得出下面三个数字是 29、37、46。

那这个呢？

答案： 每个数字都是前面两个数字加起来的和。所以接下来三个数字是 21、34、55。

为什么？

数学中有很多数列——比如乘法表。每个数列都有一个简单的规则。只要知道规则，你就能预测下一个数字。这一页的最后一个数列叫作斐波那契数列。它在自然界中经常出现。比如，有些花的花瓣数目就符合斐波那契数列，像 5、8、13 或 21。

毛茛
5 片花瓣

洋甘菊
21 片花瓣

铁线莲
8 片花瓣

方形与螺旋

有一种技巧可以画出 23 页的螺旋。不过你也可以利用斐波那契数列画出另一种螺旋。

魔法开始

你需要一张坐标纸（或方格纸），一支铅笔和一把尺子。

首先，画一个边长为1的正方形。作为斐波那契数列中的1。	在旁边并排画一个相同的正方形。	在这两个正方形上面画一个边长为2的正方形。	在旁边并排画一个边长为3的正方形。

按照这个顺序，会画出越来越大的正方形，新画出的正方形都会与之前的正方形完美贴合。最后画面会变成这样……

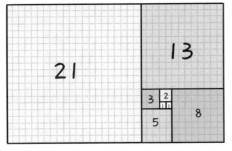

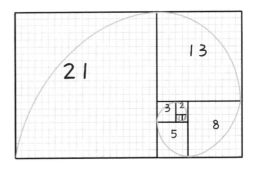

画一条曲线，按顺序连接每个正方形的顶点，你会得到一个螺旋。

你知道吗？

这种螺旋也出现在自然界中。

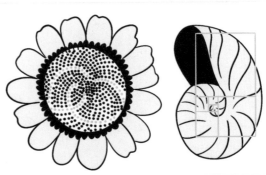

三角形数列魔法

又是一个神秘的数列。你能说出下一个数字吗？

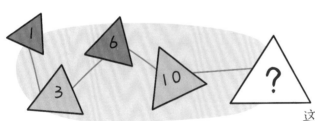

你可能已经发现了规律：

加 2　加 3　　加 4　　加 5

1　　3　　　6　　10 ___

所以下一个数字是 15。不过，这个数列还有更多秘密。它们不是普通的数字，而且是三角形数。

魔法开始

三角形数是可以排列成三角形的数字。为了验证这一点，你需要许多硬币、纽扣或同样大小的筹码。把它们放在桌子上，开始摆三角形吧！

1
3
6
10

你能摆出的最大的三角形是什么样的？这个三角形数是几？

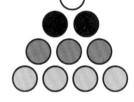

1

1

1 + **2**
= 3

1 + **2** + **3**
= 6

1 + **2** + **3** + **4**
= 10

为什么？

三角形每变大一点，就需要你在下面多加一排硬币（或其他东西）。新加上的每一排硬币，都比上一排多出一枚。这就是为什么三角形数列的增长幅度构成了一个自然数列。

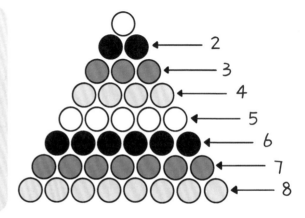

形状翻转

现在你已经了解了三角形数。这里还有一个跟三角形有关的魔法。先向朋友发起挑战，再给他们展示答案吧！

魔法开始

人们可能要花好久才能解开这个难题。实际上它却非常简单。

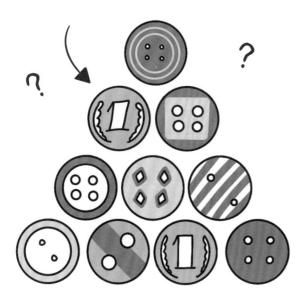

用 10 个纽扣或硬币摆出一个三角形，像这样。

挑战是：只移动 3 枚硬币，就把三角形倒过来。

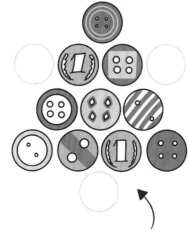

把 3 个顶点分别挪到对面就可以了。嗒哒！

你知道吗？

还可以用筹码摆出其他的形状数字。

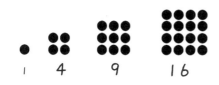

1   4   9   16

比如正方形数

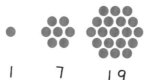

1   7   19   37

或六边形数！

35

帕斯卡谜题

下面这两个魔法相辅相成。要让第二个成功，必须先把第一个做对！又是一道与三角形有关的难题，被称为帕斯卡三角形。

魔法开始

这是一个由16行方格排列成的三角形。我们已经在一些格子里填好了数字。你能填出剩下的吗？可以用计算器！把这幅图临摹到纸上，填上数字吧！

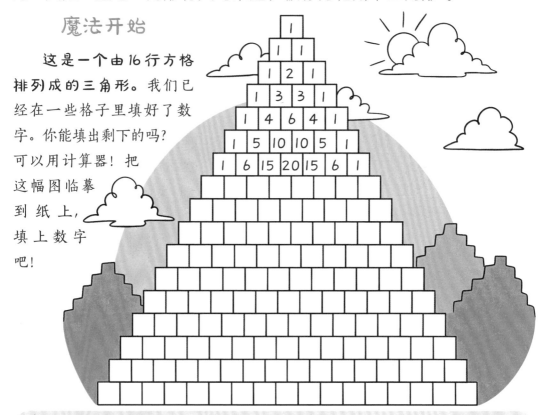

为什么？

填好了吗？ 一旦你知道了它的规律，就很容易填好这个三角形。每个格子里的数字是由它上面的两个数字相加得出的。

如果某个格子在边上，它上面就只有一个数字，那么它就和上面那个数字相同。这就是为什么三角形两条侧边上的数字全是1。

这个三角形以布莱士·帕斯卡的名字命名。他是一位17世纪的法国数学家。

帕斯卡的秘密

仔细观察帕斯卡三角形，你会发现它藏着许多秘密。

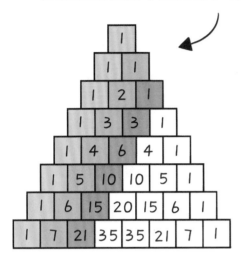

试试看吧！

拿出刚刚填好的帕斯卡三角形，把所有填着单数的格子涂上颜色。你发现了什么？

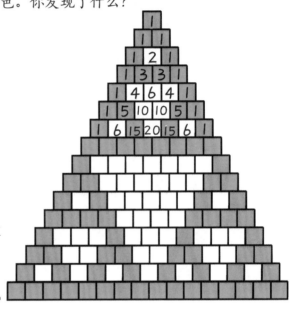

沿着三角形的侧边，数到第二列格子。你会发现这是一个自然数列。

再看第三列，是不是很熟悉？没错，是三角形数。

里面还藏着其他有趣的规律。试着找找看吧！

为什么？

等等，你是不是见过这个图案？没错，就在29页。这是一个分形图——谢尔宾斯基三角形。这说明，数学中的一切都相互关联。

嘿，爷爷，就想跟你打个招呼……

选张牌吧……

 对称图形是指两边完全一样的图形，就像这只蝴蝶。

对称轴把这个形状分成相同的两半。

不过这个 Z 属于另一种对称类型——旋转对称。也就是说，你把它旋转到某个位置，就会与原来的图形重合。

对称是图形的一种重要属性，你可以利用旋转对称来演示一个超棒的数学魔法。

魔法开始

摊开一副纸牌，把那些符合旋转对称规则的找出来。

比如王后就是旋转对称的。还有几乎所有的方片牌。它们不管倒着正着都一个样。

把符合旋转对称规则的牌全部拿掉，只留下不符合的。把留下的牌全部"正过来"。也就是说，让每张牌牌面上正着的红桃（或黑桃、梅花）比倒着的多。

这张红桃 2 显然是旋转对称的，但这张红桃 3 就不是。

魔法时间到！把所有牌扣过来，洗一下。(要确保手里所有的牌方向一致）请你的朋友抽一张看一下（但是不能让你看见牌面），然后再放回去。趁他们忙着看抽出的牌，悄悄把你手里的牌掉个方向。

等他们把牌放回去，你就可以再洗一次牌。然后把牌全部摊开，仔细观察。那张倒过来的肯定就是他们选的那张。你可以一边喊"变！"，一边故弄玄虚地把它抽出来！

为什么？

扑克牌的设计要求不管倒正，都要易于辨认。所以人们想当然地认为，它们不分倒正。也就是说，都是旋转对称图形。事实上，里面很多张都不是。但大多数人都没注意到！

齿轮难题

齿轮是一种轮子，边缘规则地分布着一圈突出的"牙齿"。

为什么？为了卡住另一个齿轮。这样，一个齿轮转动时，它的齿就会带动下一个齿轮一起转。

齿轮是许多机器的重要组成部分。工程师们必须运用数学知识，才能确保它们正常运转。

齿轮的齿

魔法开始

许多测验和考试中都会出现非常烧脑的齿轮难题，比如这个。

你能猜出最后一个齿轮朝哪个方向转吗？试试你多久才能算出来。

第一个齿轮朝顺时针方向转

那最后一个齿轮呢？

这面旗会向上还是向下？

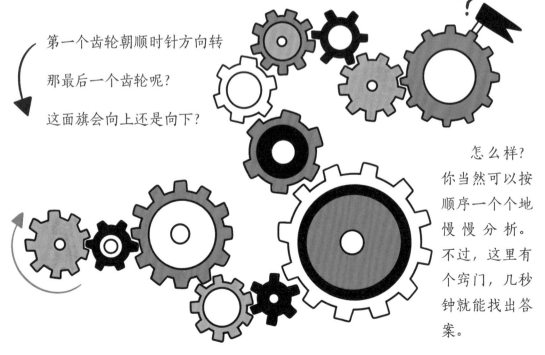

怎么样？你当然可以按顺序一个个地慢慢分析。不过，这里有个窍门，几秒钟就能找出答案。

为什么?

到底是什么窍门?

数一数就知道了。每个齿轮的转动方向都跟它前面那个齿轮相反。

所以,如果第一个齿轮是顺时针的,第二个肯定是逆时针。

第三个又是顺时针了……

第四个又是逆时针……

以此类推。

如果一串齿轮的数量是双数,那么最后一个齿轮的旋转方向与第一个齿轮相反。

如果是单数,最后一个齿轮的旋转方向就与第一个相同。

就这么简单!

我们的测试中有 12 个齿轮——是双数,

所以最后一个齿轮的旋转方向与第一个相反:是逆时针……

旗子会向上运动。

精巧的密码

这个密码转轮能帮你把无法破译的秘密讯息发送给朋友——在数字的帮助下！

魔法开始

制作转轮需要先用纸剪出两个圆形。一个直径 10 厘米，一个 8 厘米。小的在上，大的在下，圆心处用金属二脚钉钉在一起。

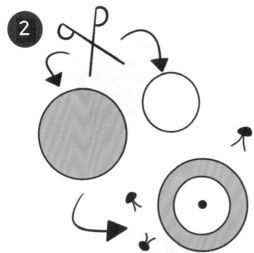

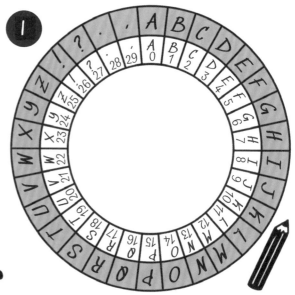

用尺子和铅笔在两个圆形的边缘分别画出 30 个一样大的格子，如上图。在外圈的格子里填上从 A 到 Z 的 26 个字母，外加 4 个标点符号。内圈的格子里，上面填字母和标点，下面填从 0 到 29 的 30 个数字，如上图。

编写密码需要先选一个数字作为密钥。转动内轮，让你选的数字跟外轮上的字母 A 对齐。

举个例子，如果你选的是 19，就要让内轮的 19 与外轮上的 A 对齐。

在这个位置上保持转轮不动。用它为你的信息加密。在外轮上找到信息中的每个字母。然后分别替换成它们下方的字母。

例如，A 变成了 T，B 变成了 U，以此类推。

所以这条信息：
THE BAT FLIES TONIGHT.（蝙蝠今晚飞。）

就变成了看不懂的密信：MAX UTM YEBXL MHGBZAM

看到留言，对方只需要知道你用的密钥数字，对照自己的密码转轮，就能破译出讯息。

为什么？

给信息编写密码时，你还可以选择不同的密钥数字——这样你的密码每次都不一样！

通过研究字母和单词的规律，是有可能破解密码的。但是密码每次都换的话，破解起来就难多了。

0 和 1

二进制是计算机用来存储信息的数字系统。它用 0 和 1 的形式来记录数字、字母、图片和其他信息。

二进制如何工作？

计数时，我们一般使用十进制，它包含这些符号：0、1、2、3、4、5、6、7、8、9。通过进位，就能写出比9更大的数字。每个数位代表的数字都是它右边数位的10倍。

0 1 2 3 4 5 6 7 8 9

10 11←　　在这个位置，1 就是 1

　　　　　在这个位置，1 代表 10

二进制中只有两个符号：0 和 1。每个数位代表的数字都是它右边数位的 2 倍。

十进制	二进制
1	1
2	10
3	11
4	100
5	101
6	110
7	111
8	1000

为什么？

进制中的 1000、100、10 和 1 分别等于我们平时用的 8、4、2、1。

所以，15 就是 1111，它包含：

1 个 8　　　　1 个 4　　1 个 2　　1 个 1

你能把你的年龄换算成二进制吗？

二进制密码

一长串的 0 和 1 是如何包含一条秘密讯息的呢？接着往下看！

魔法开始

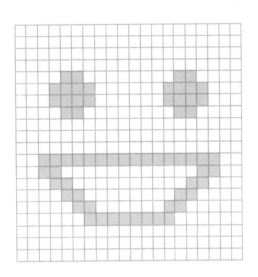

你需要一些方格纸、一支笔和一把尺子。先圈出一个长宽各 20 个格子的方阵。给一些格子涂上色，表达出你的信息，如图。（画简单点！）

从左上角第一个格子开始，逐行依次在每个空的格子里填 0，每个涂了色的格子里填 1。

然后，把这些 0 和 1 按顺序抄在另一张纸上。

你会看到一条由 0 和 1 组成的长龙，看不出规律！就像这样……

0000000000000000000000000000000000000011011011011011000001111101001001000001
01010110110010000 ...

怎么回事？

别人只需要知道你用的是哪种方阵，就能破译出密信。把 0 和 1 的单子依次抄到 20×20 的方阵里，再给填着 1 的格子涂色，你的信息就出现了！

少了一元钱

这个著名的数学谜题有好多版本，多年来一直让人绞尽脑汁。
读读这个故事，看你能不能找到原因。再让朋友们也试试。

魔法开始

三个朋友去黄石公园野营，同住一顶帐篷。营地的主人说住一晚要收 30 元。于是每人付了 10 元。

后来，主人发现多收了钱，实际价格是 25 元。就让小助手把 5 张 1 元的钱还给三位朋友。

小助手把 5 元钱还回来，大家却发现没法平分。于是每人拿了一元，剩下两元给了小助手当小费。

也就是说，每人各付了 9 元。

（每人付了 10 元，拿回 1 元。）

一共是 27 元。

还给了小助手 2 元。

加起来就是 29 元。

还有 1 元去哪了？

为什么?

糊涂了吧? 这个小把戏真有可能骗到你, 其实却并不合理。原因在于, 这两部分不应该加在一起:

就是那 27 元和 2 元的小费。

想想看, 如果朋友们拿回了 3 元, 那 27 元就已经付给了营地。

其中 25 元给了主人……

还有 2 元给了小助手。

2 元不应该跟 27 元相加——因为它已经包含在 27 元里了!

其实, 这 27 元应该跟 3 元相加——总共是 30 元。

你知道吗?

要是遇到类似的难题——不管在课堂上还是生活中——"定位"所有的数字就能帮你理清思路。想想每笔钱到哪个步骤就不再变动了。

25 元——交给主人后……

2 元——交给小助理后……

3 元——退给朋友们后。

无穷旅馆

数学中有一个最神奇的概念叫作"无穷"。数字是无穷无尽的，也就是说永远都数不完。不管你想出一个多大的数字，都能再给它加上1！

魔法开始

你刚到数字城，要找地方住——可是所有酒店都满了。你的朋友多边形教授建议你试试无穷旅馆。

聪明的数学家们用这个符号表示"无穷"。

它是一个环，没头没尾，永无止境！

试试这道难题……

无穷旅馆有无穷多个房间。但是所有房间都已经住满了，因为刚好有无穷多个客人。可是，酒店经理却说你很幸运——还能给你找到房间！

这怎么可能呢？

为什么？

确实没有空房了。不过，既然有无数个房间，经理就可以让每个客人依次搬进下一个房间。

他让1号房间的客人搬进2号房间，2号房间的客人搬进3号。以此类推，一直搬到无穷号房间。这样你就可以住1号房间了。

阿喀琉斯与乌龟

又是一个与无穷有关的烧脑谜题。

一天，有只乌龟向古希腊大英雄阿喀琉斯发起了赛跑挑战……条件是乌龟要先跑。阿喀琉斯答应，乌龟可以先跑十步。

等阿喀琉斯追到乌龟出发的地方，它已经跑到前面去了。

等他再追上去，乌龟又到更前面了。

这样看来，尽管两人间的距离越来越近，阿喀琉斯却永远也追不上乌龟。

为什么?

这个假设似乎证明，阿喀琉斯永远追不上乌龟——可我们知道他能追上！赛跑选手们不就是会互相赶超嘛！

那到底是怎么回事呢？

阿喀琉斯可以无穷多次地追逐乌龟。每一次两人的距离都会缩短一点，最后，距离变得无限近，而阿喀琉斯的速度则是无限慢。

可是，无限短的距离和无限短的时间在现实世界中并不存在——它们只是一种设想。实际上阿喀琉斯不会越来越慢。而所谓的速度就是指你在一定的时间内跑过多远距离。这样看来，阿喀琉斯一定会赢。

49

神秘的
莫比乌斯环

一张纸有几个面？你会说两个，对吧？等等，这个超酷的魔法会让一张纸只剩下一个面。只需要一大张纸、剪刀、胶水和铅笔，就能让你的朋友们惊掉下巴。

实验开始

剪一根大约20厘米长，3厘米宽的纸带。

把纸带弯成一个环，将纸带的一端旋转半圈，弄成扭曲的样子。

把纸带两端粘在一起，一个扭曲的纸环出现了，这就是莫比乌斯环。

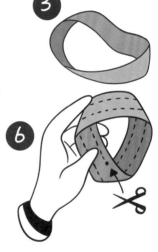

这个莫比乌斯环看着普通，其实却非常奇特。不信你就沿着纸带中间画一条线，一直画到开始的地方。咦，纸的两面都画上线了！也可以说一面，因为现在这张纸只有一个面。

然后沿着刚刚画好的线小心地剪开纸环，一直剪到头。是不是把纸环剪成两半了？不对！还是一个纸环啊！

如果真想把莫比乌斯环剪成两半，就再做一个纸环。在离纸带边缘1/3宽的地方画一个点，从这里开始画线。（注意要一直保持离边缘1/3的距离。）画完再沿线剪开。喀哒！

为什么？

　　莫比乌斯环包含了一些古怪而奇妙的数学原理。把纸带的一端旋转半圈，再把两端粘起来，就做出了一个单一而连续的表面，而且它只有一条边。从中间剪开纸环，就剪出了两条边，其中一条就是原来纸环的那条唯一的边。两条边就组成了一个更长的新纸环。

　　不过，第二个实验就不一样了。你剪下纸环的边缘，会得到一个更长的环。但纸环中间的部分就剩下了，这部分仍然是一个莫比乌斯环，只是窄一些。

莫比乌斯爱心

这个实验要用到两个莫比乌斯环。非常适合数字爱好者们过情人节。

魔法开始

先做两个莫比乌斯环： 剪出两根纸带，每根大概 20 厘米长，2~3 厘米宽。一端旋转半圈，再把两端粘在一起，做成扭曲的圆环就可以了。

在合适的位置将两个纸环粘在一起，两边都要粘牢哦。用尖尖的剪刀在其中一个纸环的中间戳个小洞，从这里开始剪，一直剪到头。

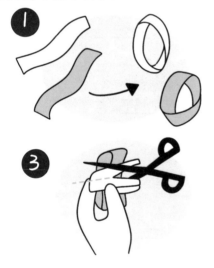

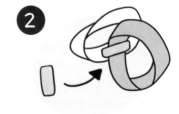

纸环会变成两颗心，而且扣在一起！

为什么？

如果你看过 50~51 页就会知道，从中间剪开莫比乌斯环会得到一个更大的环。这是因为，莫比乌斯环只有一条边。

那么，两个莫比乌斯环就有两条边。把它们粘在一起再剪开，你就会得到两个环。扭曲的形态制造出了心形的效果！

山姆的袜子抽屉

山姆是个超棒的数学家，可他不太擅长整理装袜子的抽屉。你能帮他找出成双的袜子吗？

魔法开始

山姆的抽屉里有4只白袜子，5只粉袜子，8只橙袜子，12只黑袜子。

山姆想找两只成双的袜子，可屋里太黑了，看不清。一次至少拿出几只袜子，才能保证里面一定有两只是成双的呢？

大多数人都会被难住，他们的答案往往都会偏大。

其实，正确答案是——5！

为什么？

想象一下，山姆在黑暗中拿出4只袜子。那就可能分别是白色、粉色、橙色和黑色的。里面没有成双的。

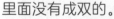

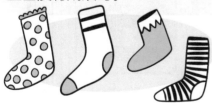

所以只要再拿一只，就能跟原来的某一只配上了。

土豆百分比

随便找个自认为聪明的人来做这道百分比题。看看多少人会觉得简单极了，随口就说出答案！（他们肯定会说错。）

魔法开始

农场主帕尔默有一袋 100 公斤重的土豆，是刚从地里挖的。

跟大部分蔬菜一样，土豆的主要成分也是水。水大概占 99%。

要是你愿意，也可以想象成 100 磅土豆，计量单位并不重要。

帕尔默把这袋土豆放在工具棚，过了几天，土豆越变越干。

现在，含水量只剩 98% 了。

那这袋土豆现在多重？

如果你的答案是 99 公斤，或相近的数字，那你就跟大多数人一样。

不过，这个答案是错的。
正确答案是 50 公斤。

为什么？

这道题能骗到大多数人，是因为他们都犯了一个错误。他们听说 99% 的水含量变成了 98%，就以为少了 1 公斤，所以减掉一公斤就行了。

实际上，你应该这样思考：

一开始，土豆的含水量是 99%，有 99 公斤水。

剩下的 1% 是干物质，重 1 公斤。

后来，含水量变成了 98%。剩下的 2% 一定是干物质。

干物质重量不会变，还是 1 公斤。

2% 就是 1/50，1 公斤是 50 公斤的 1/50。答案是 50 公斤，不是 99 公斤。

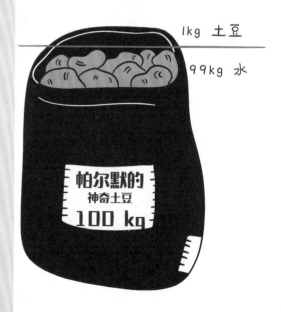

1kg 土豆

99kg 水

帕尔默的
神奇土豆
100 kg

不可思议的纸

告诉朋友，你有一张不可思议的纸，他们肯定超想见识一下！

魔法开始

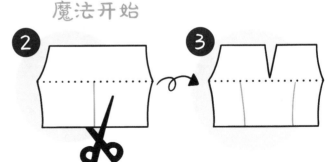

取一张普通的纸。从中间对折，再打开。

把朝向你的一半从中间剪开，剪到折线的位置。

把纸倒过来，让另一半朝向你。

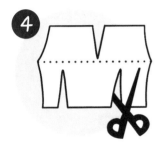

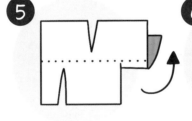

在另一半上剪两个口子，如上图：

把右下方的这一小半沿着折线向上，折到后面。再把右上方的一大半折下来。

最后把整张纸翻个面。让中间的纸片立起来。

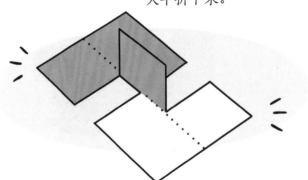

嗒哒！展示一下这张不可思议的纸，让他们大吃一惊吧！

钻过自己的纸

既然你在用纸做神奇的实验，为什么不试试让一张纸从它自己中间钻过去呢？

魔法开始

取一张普通的纸，从旧杂志里撕一页也可以。

先从中间对折，再打开，从两侧分别把边缘折到中线的位置。换个方向再来一次。折痕呈井字形，中间构成一个长方形。用尺子画出这个长方形的两条对角线。

小心地将对角线剪开。先把纸的上下两条边向后折，再把左右两条边向后折。翻开中间的四个三角形，变成图6。将图6中间两个长方形分别向上、向下翻开，变成图7。打开图7中间的两个竖条。看，这张纸钻过来了！

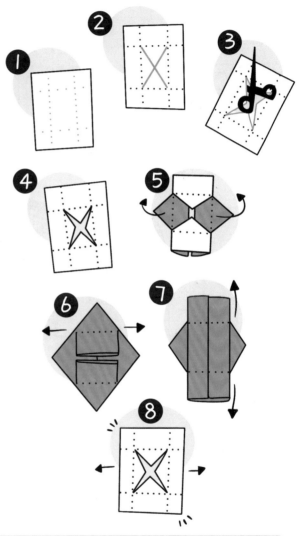

为什么？

这个实验看起来眼花缭乱，其实没什么特别。只要中间的洞够大，能让折起的边缘钻过去，就很简单。

你知道吗？

如果纸的两面图案不同，实验的效果会更直观。所以，杂志里的书页是最合适的，也可以试试两面有不同图案的报纸。

三门难题

曾经有一档家喻户晓的游戏节目，其中一个环节就是这道著名的烧脑题。

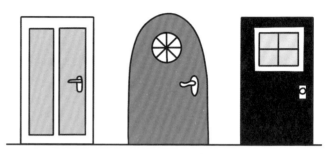

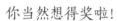

魔法开始

你要在三扇门中做出选择。 其中一扇后面是超级大奖——一辆车。其余两扇后面都是山羊。

你当然想得奖啦！

你选了一扇门。但主持人并没有立刻打开，却打开了另一扇，门后是一头山羊。

现在你可以再选一次。你会坚持之前的选择，还是改选第三扇门？怎么选，最可能中奖？

如果你坚持之前的选择——那就错了！要是你觉得改不改都一样，因为两扇关着的门中奖几率一样——那你又错了！可是，为什么呢？

为什么?

大多数人会觉得改不改都一样，因为三扇门的中奖几率都是 1/3。但事实并非如此。

当你选择一扇门，它就有 *1/3* 的中奖几率。确实如此。

另外两扇门的中奖几率加起来是 *2/3*。

不过，当另外两扇门中有一扇被打开。选择的这扇仍然有 *1/3* 的中奖几率……

……另外两扇的几率加起来还是 *2/3*。

现在你知道，你没选的那两扇门中有一扇是有山羊的，那么这扇门就被排除了。另一扇门中奖几率就上升到了 *2/3*！

你知道吗?

真人秀也证明了这一点。如果改变主意，人们更容易得奖。

你可以用三个杯子、一张汽车图片和两张山羊图片来模拟这个游戏。请你的朋友试一下，看看结果如何。

游戏之夜

反正我本来就想要山羊。

上山下山

这个超级难题肯定会把所有人弄糊涂。而且，等他们听到答案，就更糊涂了！

"可能"教授决定，带着她的狗（名叫"随机"）进行一次为期两天的徒步。

他们早上 8 点出发，一整天都在爬山。夜里就在山顶露营。

第二天早晨，也是 8 点，他们沿着同一条路开始下山。

汪！

下山的路上，"可能"教授看看表，对"随机"说："哇，已经下午 12:30 了。昨天下午 12:30 的时候，我们刚好也走到这里！"

这可能吗？下山的路上到达某一地点的时间，居然和前一天上山时到达同一地点的时间完全相同，有多大几率会发生这种事？你觉得有可能，还是不可能？

答案很可能让你大吃一惊。

事实上，不是可能——而是一定会发生。你也许不会像教授一样注意到这一点，但它确实会发生！为什么？

为什么？

假设有两个"可能"教授，各带一只狗。
在同一天，他们一个上山，一个下山。

可以补充一下，12:30 这个时间是个巧合，不一定是这个时间。

你能想到事情会怎样发展吗？两组人一定会在某个时刻、某个地点相遇。这个地点就是教授说的，她前一天经过的那个地点。

2 号教授早上从山顶出发。

1 号教授早上从山脚出发。

相遇的时间和地点可能并不固定，因为步行的速度各不相同——但他们一定会在某个地点相遇。

米粒之谜

如果你是这个故事里的国王，你会犯同样的错误吗？

魔法开始

有一个古老的传说，讲的是很久以前，有人发明了国际象棋。国王太喜欢这个新游戏了，就要奖励发明者，说他要什么都行。

发明者说，他想要大米。他要求国王在棋盘的第一个格子上放一粒米。第二个格子上放两粒，第三个放四粒，以此类推，每个格子上的米粒都是前一个格子上的两倍，直到所有格子全部放满为止。

国王同意了，因为感觉用不了多少粒米。可是他错了。

为什么？

国际象棋的棋盘上一共有64个格子，所以最后一个格子的米粒要翻倍63次。

1	2	4	8	16	32	64	128

前八个格子是这样的：

接下来八个格子就是这样的了：

1	2	4	8	16	32	64	128
256	512	1,024	2,048	4,096	8,192	16,384	32,768

在第 *21* 个格子上，你需要放 *100* 万粒米，而第 *28* 个格子就要放 *1* 亿粒米了。所有格子里的米加起来一共会有 *18,446,744,073,709,551,615* 粒——那可是 *1800* 万万亿粒米——能把全世界都盖满了。

国王终于发现，如果不停地翻倍，数字的增长速度将令人难以置信。

你知道吗？

数字通过翻倍，快速增长的方式叫作"指数增长"。这在数学中非常重要，在实际生活中也是如此。比如，在某些情况下，生物的数量就会以这种方式增长。

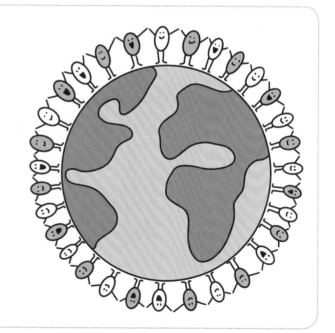

折纸挑战

这里还有一个跟指数增长有关的小实验。你能把一张纸连续对折8次吗？（每次折完后不要打开，接着再折……）挑战一下你的朋友，也可以自己试试。

魔法开始

从一张普通的纸开始吧！

先把它对折……然后再对折，再折……再折，一直对折8次。

能做到吗？

是不是有点难？

大概6、7次之后，纸就已经厚得折不动了……就算能折，也很难压平整。

如果你用的是更大更薄的纸，比如报纸，可能会简单一点……不过，大多数人还是没法折到8次。

为什么？

　　每当你把纸对折一次，它的厚度都会以指数级增长，成为原来的两倍——就像62页棋盘格上的米粒一样。折到第7次的时候，你其实是在折一叠64页厚的纸，而且纸非常小。就算能折完7次，到第8次的时候，这叠纸就会有128页那么厚，而且变得更小了。

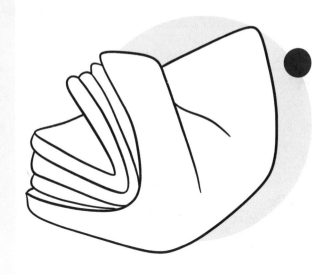

你知道吗？

　　利用超大超薄的纸，有人的确成功对折了10次、11次甚至12次。所以也不是完全不可能。但你也没法折更多次了，因为纸实在变得太厚了。要是你能折42次，这摞纸就厚得能碰到月亮了。

幻方

据说，很久很久以前，从中国的黄河里爬出一只乌龟。它的龟壳上有奇怪的点点，组成一个写满数字的九宫格。九宫格里的数字，每一行，每一列，甚至每条对角线相加，结果都是 15。

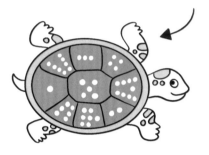

现在，这种图形被称为幻方。你能看出它的规则吗?

8	3	4
1	5	9
6	7	2

魔法开始

这就是故事里的幻方。先看看每个方向的数字加起来是不是 *15*。

再试试能不能填出下一个幻方。它们的规则都一样，只是数字的排列顺序不同。

要怎么填，才能使每个方向的数字加起来都等于 *15* 呢?

		4
		3
6		8

所有九个格子都是空的。你能从头开始设计一个幻方吗?

为什么?

实际上，九宫格幻方有好几种数字排列方式。还有更大的幻方，比如 4×4 或 5×5 的。

15	10	3	6
4	5	16	9
14	11	2	7
1	8	13	12

这个幻方里，任何方向的数字加起来都是 34。

有一个填写九宫格幻方的窍门。

先把第一行中间的格子写上1。

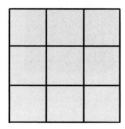

如果数字{N}右上方的格子已经填过了，就将{N+1}填进{N}下面的格子。填完后验证一下。这个方法不适用于4×4幻方，因为没有中间格。那适用于5×5的吗？

然后依次填2到9。下一个数字要填在上一个数字右上方的格子里，如果出了上边界，就以出界的虚拟格子为基准，把数字垂直降落到同一列最底下的格子里。出了右边界，就平移到同一行最左边的格子里。

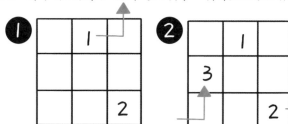

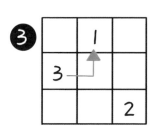

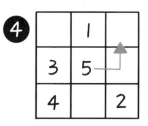

三角形幻方

还有三角形的幻方！这个你会填吗？每条边上的数字加起来都是19。

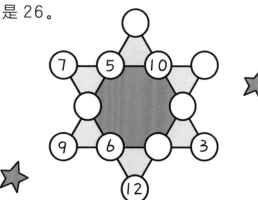

星形幻方

那星形幻方呢？

把1~12分别填进去。

每条直边上的数字加起来都是26。

火柴棍魔法

这些小戏法把火柴棍和数学联系起来了！挑战你的朋友，看他们能不能解出来。不用拿真火柴棍，把答案画在纸上就行，也可以用卡纸剪几个纸条当火柴棍。

挑战就是……

让等式成立

这个火柴棍等式简直错得离谱。你只能移动一根火柴，让等式成立。解题方法有两种哦！

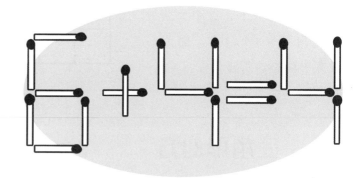

三角难题

这道题要求你移动三根火柴，摆出五个三角形。

把第三个三角形整个挪到前面两个三角形的下面就可以了。现在，我们有了一个大三角形，里面包含四个小的。

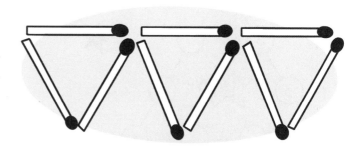

让等式成立　三角难题　七个正方形　正方形哪里找？

你可以从加号里拿掉一根火柴，让它变成减号，再把这根火柴放到 6 上，把它变成 8。

8−4=4

你也可以把 6 中间的火柴移到侧面，把 6 变成 0。

0+4=4

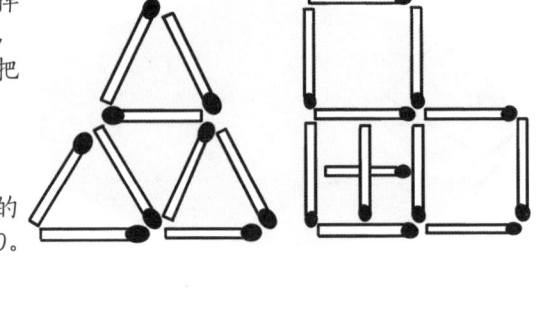

把上面这根火柴稍稍往上移动一点，四根火柴之间的空隙就组成了一个超小的正方形。

反正又没说必须是大的。

答案：

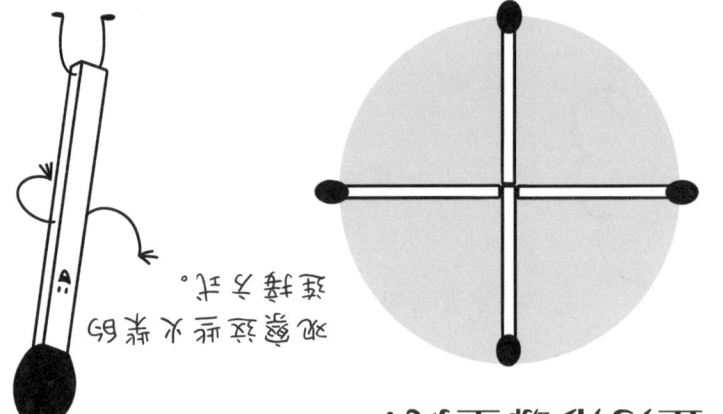

正方形哪里找？

如果这是根火柴的话，就转 90°。

这就简单多了。只需挪一根火柴，搭出一个正方形！

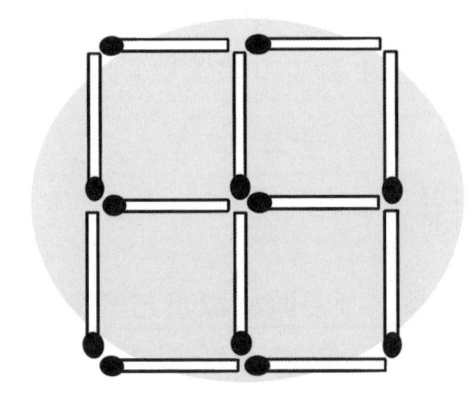

七个正方形

这里是 12 根火柴组成的 4 个正方形。但你能摆出 7 个正方形！只需挪两根火柴，搭出 7 个正方形吧！

神奇读心术

这个超神奇的魔法一定会让你的朋友大开眼界。当然了，这并不是魔法，只是数学而已！（你可能需要事先彩排几遍。）

盲猜硬币

魔法开始

请一位朋友选几个硬币，让他握在手里，别让你看见。

告诉他，你只需要问几个简单的问题，就能知道他手里一共有多少钱。

先让他把所有硬币的面值加起来。比如，右边这些一共是 75。

然后让他进行下面的步骤：
（可能会用到计算器。）

先把总面值乘以 2
再加 3
再乘以 5
再减掉 6
最后告诉你答案！

你只需要减掉答案的最后一位数，就能得出钱的总数了！

假如总数是 75……

先乘以 2=150　　再加 3=153　　再乘以 5=765
再减掉 6=759　去掉最后一位 =75！

为什么？

问完所有问题，你得到的数字就等于正确答案的 10 倍，再加上 1-9 之间的某个数字。

如果你减掉最后一位数，就相当于除以 10，也就得出正确答案了！

秘密数字

这个魔法的原理相同，只不过猜的是别人的年龄加鞋码。

找个人用计算器依次进行以下步骤：

默念自己的年龄

将年龄乘以 20

加上今天的日期

（如果今天是 6 月 11 日，就加 11。）

乘以 5

加上自己的鞋码

减掉（今天的日期 ×5）

说出答案

年龄：9

鞋码：3

最终答案的前半部分是年龄，后半部分就是鞋码！

比如，一个人 9 岁，穿 3 码的鞋，那么答案应该是 903。

奇怪的预言

下面几个魔法不是用来猜数字——而是让你提前预测数字。厉害吧？

这个数字是……

游戏开始之前，先把数字 5 写在一张纸上，折好藏起来，比如可以藏到书里。

告诉朋友，你能猜出他心里想的数字。只要他先这么做：

先默念一个数字。（什么数字都行。不过数字越小，就越容易进行下面的步骤。）

再乘以 2

再加上 10

再除以 2

再减掉他一开始想到的那个数字

现在告诉他，你知道他的最终结果。让他找出你事先藏好的那张纸。等他打开纸，看到的数字正是自己心里想的那个，一定会惊呆的！

为什么？

这是什么原理？答案怎么永远是 5？

因为最后的计算结果永远等于他心里想的数字加 5。所以，减掉心里想的数字，结果就一定是 5。

37 魔法

又是一个超简单，看起来却很神奇的数字魔法。

魔法开始

你需要一张纸、一支笔和一位志愿者。
最好有个计算器，因为有一些长除法。

让你的朋友在纸上写一个三位的数字，要求每一位上的数字都相同。

比如 333。为了证明你没有作弊，这张纸不能让你看见！

现在，让他把数字拆成三个，再相加，得出一个和。

$$3+3+3=9$$

把这个三位数字除以刚得到的和。给他们一两分钟计算一下。

$$333 \div 9 = 37$$

只要你的朋友严格遵循计算步骤，答案永远都会是37。

1089 魔法

还有一个魔法，让你每次都能提前猜对……因为答案永远是 1089！

1 魔法开始

让你的朋友选一个三位数字，要求每一位上的数字各不相同。

2

让他调换百位数和个位数的位置，得到一对镜像数字。

3

拿出计算器，让他用较大的数字减掉较小的。

4

把计算结果左右颠倒。又是一对镜像数字。

5

最后，把这两个数字相加。

向朋友展示你事先偷偷藏好的数字 1089，他肯定会惊掉下巴！

$9801 \div 1089 = 9$

只要遵循上面的步骤，你每次都可以用某个三位数得出 1089 的结果。

为什么？

数字有 1089 有几个很特殊的性质。

它是一个平方数（33×33）还是一个"颠倒后可被自己整除"的数。把它颠倒过来，就是 9801，正好能被 1089 整除。

7-11-13 魔法

这个戏法会让你的大脑变成一个光速计算器！准备一支笔和一张纸。

魔法开始

让你的朋友随便想一个三位的数字，然后告诉你。

告诉他，你会让他用计算器算数。而你用心算。让他先用这个三位数乘以7，再乘以11，再乘以13.

他算数的时候，你只需要写下他告诉你的三位数，再重复一遍。

比如，如果数字是983，就写983983.

喊出"完成！"给他看你写的数。

那就是正确答案！

983,x7,x11,x13

为什么？

这个神秘的魔法可比看起来简单：
7 × 11 × 13=1001。

所以不管你用哪个数乘以1001，结果都会是这个数的1000倍再加上它的1倍。

$$983 \times 1,000 = 983,000$$
$$+$$
$$983 \times 1 = 983$$
$$= 983, 983$$

983!

翻转硬币

这个小魔法看起来可神奇了。

魔法开始

坐在桌边，让朋友蒙住你的双眼。

让他们在桌子上放 12 个硬币。告诉你，其中有几个是反面。

告诉他们，你不用看，就可以把硬币分成两组，而且让两组里反面的硬币数量相同。

你只需要记住有几枚硬币是反面，把相同数量的硬币分成一组，再把这一组里所有的硬币都翻个面。（不停挪动硬币的位置，让他们注意不到你在做什么。）嗒哒！

两组中反面的硬币数量相同！

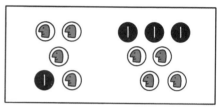

为什么？

看起来很厉害，其实只是很简单的数学原理。

假如 12 个硬币中有 3 个是反面。

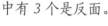

把 3 个硬币分成一组。

如果 3 个都是反面，那另一组肯定没有反面的。你把这 3 个翻个面，它们就都变成正面了。跟另一组正好相同。

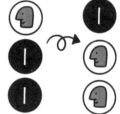

如果你分出的 3 个中有一反两正，那么另一组中肯定有两个反的。把分出的 3 个全部翻个面，那这一组也有两个反的了。

不管反面的硬币有几个，结果永远都一样。

试试看吧！

日历魔法

你需要那种一个月一张的方格日历，比如这种：

		1	2	3	4
5	6	7	8	9	10	11
12	13	14	15	16	17	18
19	20	21	22	23	24	25
26	27	28	29	30	31	

魔法开始

如图所示，让朋友在日历上随便圈出一个九宫格。（你不能偷看！）

让他把九个数字相加，告诉你结果。告诉他们，你知道中间的数字是几。把他告诉你的结果除以9，得出的就是正确答案！

			1	2	3	4
5	6	7	8	9	10	11
12	13	14	15	16	17	18
19	20	21	22	23	24	25
26	27	28	29	30	31	

为什么？

日历中，任意九宫格中间的数字就是九个数字的平均数。因为九宫格中不论横向还是纵向，构成的都是等差数列。

试试看吧！

弹出多面体

这个形状会很神秘地突然出现,简直太适合在多面体派对上表演了!

多面体是由多边形组成的立体图形。多边形是由多条直边组成的图形。

这个多面体有十二个面,叫十二面体。每个面都是一个正五边形。

魔法开始

制作多面体,你需要一个旧麦片盒、尺子、铅笔、剪刀和一根橡皮筋。

先在盒子内侧画出这个图形,画两个。它是五个五边形围绕着一个五边形组成的,所有五边形大小相同。

剪下来,沿虚线分别向两个方向折叠,让它们能轻松弯折。

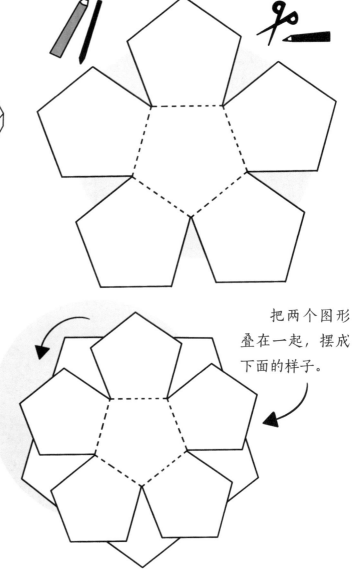

把两个图形叠在一起,摆成下面的样子。

找一根细橡皮筋。周长跟你剪出的图形差不多就可以。把它绕在摆好的两个图形上。如图，先勒住上层的五边形，再绕到下层的五边形后面，以此类推。捏紧手里的图形，让它保持扁平。

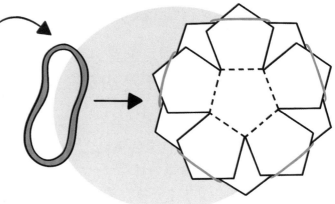

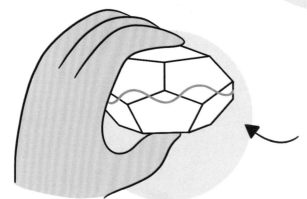

你一松手，两块图形就会互相挤压，鼓起来形成一个 3D 的多面体。

为什么？

平面的花形图案叫作"网"。两个花形图折起来，就分别构成了半个十二面体。因为你把橡皮筋勒在尖头外，花形图案就会被往里收，五边形被挤到一起，就形成了立体图形。

再试试吧！

还有许多其他类型的多面体。你知道要画什么样的平面"网"，才做出这几个立体图形吗？

四面体

六面体

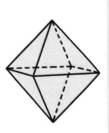

八面体

会翻转的六边形

这个小把戏乍一看可能有点奇怪。不过，一旦做出自己的六边形，你就会爱上它！它是一个六边形折纸，而且能随意内外翻转哦！

这个魔法最好用厚一点的纸。

用尺子和铅笔沿着纸的边缘画一张大约3厘米宽的纸条，剪下来，再照着下图画一些等边三角形（三条边相等的三角形）。

三角形必须画成等边的，因为必须保证折起来后，每个三角形的角都能互相重合。

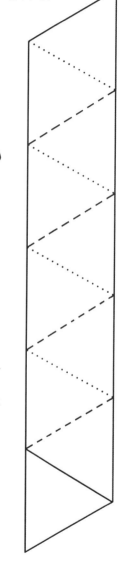

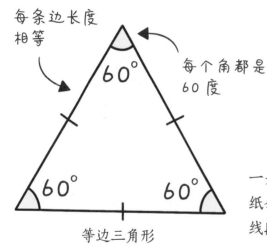

每条边长度相等

每个角都是60度

等边三角形

你可以从纸条的任何一头开始修剪。然后折叠纸条。点状的虚线向上折，线段状的虚线向下折。

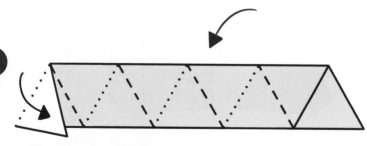

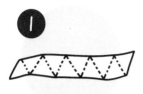

折完后打开纸条。

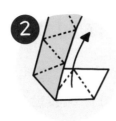

沿着第三条折线折一下（从哪头开始数都行）；再数三条，再折一下。

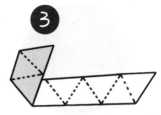

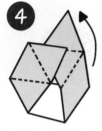

看，是个六边形，头上顶着一个多出来的三角形。

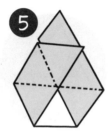

把三角形折下来。

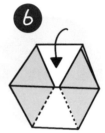

让它跟第一个三角形重叠，用胶水粘住。

沿着折线向中间轻轻挤压，扁扁的六边形会变成三个立起来的三角形，如右图。用手指把底部的三个角打开。看，六边形翻了个面。

你可以不停地翻下去。

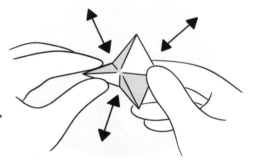

为什么？

用这种方式折出的六边形，每个三角形的组成部分都是两层的。而且每一组的两层三角形只有一条边连在一起。

翻转时，两层三角形就可以互换位置，组成一个新的六边形。

可以把六边形的每个面都装饰一下。这样，每翻转一次就会出现不同的图案。

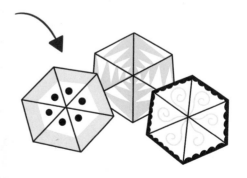

自动上坡

告诉家人或朋友，你能做出一个超神奇的物体，神奇到能自己滚上坡！他们肯定不会相信——可你确实能行。不过，要确保实验效果，最好提前尝试几次，因为这个实验确实有点难。

魔法开始

制作这个神奇的物体需要两个圆锥形物体。这样的锥形漏斗最合适，但是需要两个一样大的。也可以用两个圆锥形的木制积木；圆锥状的零食桶也可以。

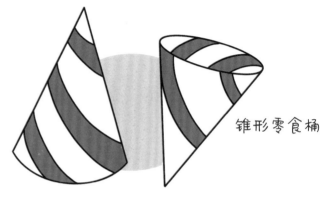

锥形零食桶

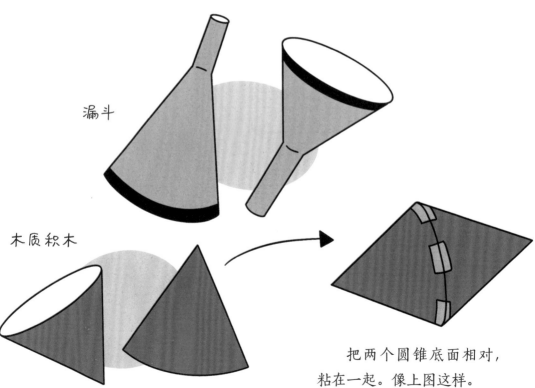

漏斗

木质积木

把两个圆锥底面相对，粘在一起。像上图这样。

现在找两根 30 厘米长的尺子，两根直木棍也可以；还有几本书。

把书摆成两摞，其中一摞稍微高一点，两摞书相隔大约 25 厘米。

两根尺子搭在两摞书上，摆成 V 形，V 形的尖端在低的一头。

把粘好的圆锥体像这样放在低的一头，它会慢慢往上滚！但第一次不一定能成功。你可能需要慢慢调整斜坡的坡度和 V 形开口的角度，直到成功为止。

为什么？

原因在于这个双圆锥的特殊斜面结构。在 V 形坡道的窄端，双圆锥的重心会落在它最粗的地方，也就是靠近中心的位置。但是随着两根尺子的开口慢慢变大，重心就会移动到圆锥的两个尖上。

圆锥滚动时，重心其实在下降。它其实是在略微往下滚——只是视觉上好像在爬坡而已！

魔法数字卡

这个卡片魔法很容易表演，却很难识破。

魔法开始

先制作属于你自己的魔法卡片。

用卡纸剪出 5 个跟扑克牌相同形状和大小的卡片。

每张卡片画上 15 个格子。

3 列

5 行

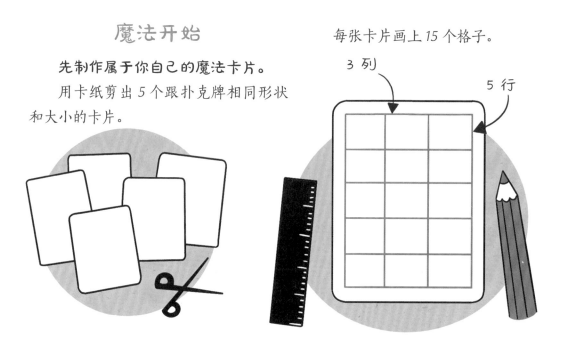

照着下图把数字填入格子。（数字必须一模一样，魔法才能成功。）

现在，开始你的魔法表演吧！让你的朋友或家人在 1~30 之间选择一个数字，但是不要告诉你。

让他们看第一张卡，问："你选的数字在这张卡上吗？"

他们肯定要么说"在"，要么说"不在"。

分别拿出其他四张卡，重复这个问题。

只要他们回答："在"，就记住那张卡片上的第一个数字。

把你记下的数字相加，结果就是他们一开始选的那个数。

假装你是"猜对"的，他们肯定很惊讶。

1	3	5
7	9	11
13	15	17
19	21	23
25	27	29

1	3	5
7	9	11
13	15	17
19	21	23
25	27	29

4	5	6
7	12	13
14	15	20
21	22	23
28	29	30

16	17	18
19	20	21
22	23	24
25	26	27
28	29	30

如果答案是 21，他们肯定会对这几张卡说："在。"

1 加 4 加 16，正好是——21！

为什么？

怎么回事？知道了原理，就会觉得很简单！

下面数字中的几个相加，可以得出从 1 到 30 的每个数字。

1 3 4 8 16

而这几个数字正是五张卡片上的第一个数字。

假如要得出 21，就需要把一个 16、一个 4 和一个 1 相加。

所以 21 被提前写在了开头是 1、4 和 16 的三张卡上。

其他数字也是这样提前设定好的。所以你可以通过写有它们的卡片，猜对任何数字。

试试这个吧！

更大的数字也能行。你知道怎么设定卡片，才能猜出 0~50，甚至 0~100 的数字吗？

17 头骆驼

这是一个关于 17 头骆驼的神奇故事。你明白其中的奥秘吗?

魔法开始

很久以前,有一位老人。他有三个儿子。

临死前他说,自己有一群骆驼留给儿子们。大儿子可以分到一半骆驼,二儿子可以分到 1/3,小儿子是 1/9。

父亲死后,儿子们开始分骆驼。却发现骆驼一共有 17 头。不管怎么分,也没法满足父亲的要求。幸好,有一位很有智慧的老妇人住在附近。于是兄弟三个向她求助。

"17 头吗?"老妇人沉思着。"我知道怎么分。"她把自己的一头骆驼赶进了骆驼群。"现在再来分分看。"她说。于是,儿子们一下子就把骆驼分好了。

大儿子分到一半骆驼——

18 的一半 =9 头骆驼

二儿子分到 1/3——

18 的 1/3=6 头骆驼

小儿子分到 1/9——

18 的 1/9=2 头骆驼

一共是 17 头。于是老妇人又骑着自己的骆驼回家了。

为什么?

儿子们分不出来是因为 17 是一个质数。质数只能被 1 和它本身整除。当然也就不能被 2、3 或 9 整除。不过，老妇人加上一头骆驼，数量就成了 18——18 可以被 2、3 和 9 整除。

儿子们分别拿走了 18 的 1/2、1/3 和 1/9。加起来是 17，所以她还能要回自己的骆驼。

奇特的圆周率

圆周率 π 是一个数字——但不是一个普通的数字。圆周率是用圆的周长除以直径得到的数字。

奇特的圆周率

阿达、阿尔伯特和阿兰 每人有一个派。他们想用派来计算 π。

阿达的派
周长：53.3 厘米
直径：17 厘米

阿兰的派
周长：201 厘米
直径：64 厘米

阿尔伯特的派
周长：22 厘米
直径：7 厘米

魔法开始

使用计算器，用每个派的周长除以它的直径。看出结果有什么特点了吗？它们完全相同，因为圆周率永远都是一样的。

为什么？

不管一个圆有多大，它的周长永远都是直径的 3.14 倍多一点。在数学中，这叫作常数。

如果你能算得更精确，会发现圆周率是个无穷无尽的数字。

利用计算机，数学家们计算出了圆周率小数点后的几万亿位。为了节约空间，他们用这个符号表示圆周率：

3.1415926535897932384626433832795028841 9

圆周率魔法

科学家们会把圆周率四舍五入,在大多数的计算中,只使用小数点后的前几位。

魔法开始

有个小窍门能帮你记住圆周率小数点后的前六位!只要记住这句口诀:

"三姨撕你五舅,唉!",利用汉字和数字的谐音就能记住了:

三	姨	撕	你	五	舅,	唉!
3	1	4	1	5	9	2

圆周率顺口溜

你可以用这种技巧记住圆周率的任何一位。

利用谐音编一些顺口溜。

就像这样:

山 巅 一 寺 一 壶 酒,
3 . 1 4 1 5 9

来 喽!
2 6

舞 三 舞。
5 3 5

圆周率瓷砖

魔法开始

去掉底部的弯钩,π 的形状可以用来做平面镶嵌。也就是说,这个形状可以无缝拼接。你知道应该怎么拼接吗?

答案在这里!

冰雹数

落到地上之前，冰雹会在雷雨云中上下跳动。同样的，冰雹数也会上下浮动。

魔法开始

你可以从比零大的任何一个整数开始，编写一串冰雹数。（要用整数，比如 6 或 23，不能用分数，也不能用小数，比如 6.5。）

就从……6 开始吧！

请遵循以下两条规则：

遇到偶数，就用它除以 2，得到的结果作为下一个数字。

遇到奇数，就用它乘以 3 再加 1，得到的结果作为下一个数字。

6	偶数	除以 2	=3
3	奇数	乘以 3 再加 1	=10
10	偶数	除以 2	=5
5	奇数	乘以 3 再加 1	=16
16	偶数	除以 2	=8
8	偶数	除以 2	=4
4	偶数	除以 2	=2
2	偶数	除以 2	=1

……所以，6 会经过 8 个步骤变成 1。数字会反复变大变小，最后落到基点。就像冰雹跳上跳下，最后落到地面一样。

不管一开始选哪个数字，最后结果都是1。有的数字来回弹跳的步骤多，有的少。如果你从7开始，会看到这样的过程：

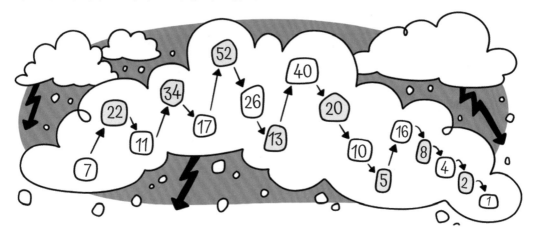

用任何一个你喜欢的数字试验一下，看看会发生什么？

为什么？

其实没人知道为什么！ 这个现象被称为"科拉茨猜想"。是德国数学家洛塔尔·科拉茨在1937年发现的。数学家们已经用许多数字进行了试验，最后结果都是1。不过我们还不确定，是否每个数字都会这样。

你知道吗？

在现实生活中，许多真正的天才数学家会花上一辈子来思考这类难题！他们试图找出"证明"———一种数学推导过程，它会解释这个难题的原理，以及它是否也对其他任意数字适用。

简便乘法表

记住乘法表里的所有数字确实需要费点力气。用这个神奇的小魔法来省点劲吧！只需要两只手，就能轻松算出 9 乘以 1 到 10 各等于多少。

9 倍魔法

伸出两只手，手指全部张开。

选一个数字乘以 9，把相对应的那根手指弯下来。如果要算 3×9，就把第 3 根手指弯下来—>

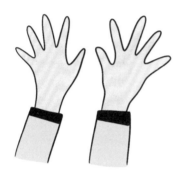

然后分别数一下这根手指左右两边各有几根手指。两个数字结合在一起是 27——就是正确答案！

其他手指也是一样。
比如 8×9：

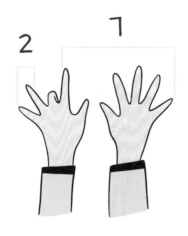

答案：72!

11 倍魔法

数字 11 的 1 到 10 倍非常简单，几倍就写两个几。

1 × 11=11

2 × 11=22

3 × 11=33

……以此类推

还有更厉害的，让你用更大的数字乘以 11，立刻算出结果。任何两位数都适用。

选一个数字用来乘以 11，比如 23。

23 × 11

先写 2，再写 3
中间空一格

2_3

把 2 和 3 加起来

2 + 3 = 5

把和写在空格里

2 5 3

正确答案就是它！

有时，两个数字相加会得出一个两位数。比如 15。这时候就把 1 加到第一位数上，5 依然写在空格里，比如：

先写 7，再写 8
中间空一格   7_8

7 和 8 相加   7+8=15

5 写在空格里，   7¹58
1 先放在一边

1 加 7   858

78 × 11=858

手指计算器

还有一个手指小魔法，能帮你计算乘法表上 6、7、8、9 的倍数。

魔法开始

伸出两只手，掌心朝向自己。
手指相对，就像这样：

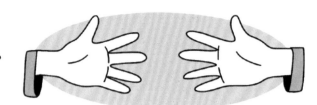

假设两只手上的 5 个手指都分别代表从 6 到 10 的数字。

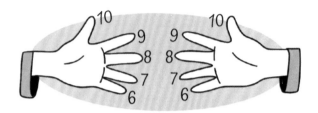

如果要把两个数字相乘，就让这两根手指碰在一起。

计算 9×8，就要这样：

数数两根相碰的手指和它们下面的手指加起来是几。就能得出答案的第一个数（十位数）。

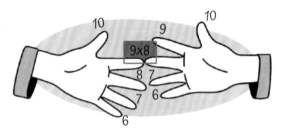

一共有 7 根，第一位是 7。

7_

然后看相碰的手指上方，两只手各剩几根手指。把两个数字相乘。得出答案的第二个数字（个位数）。

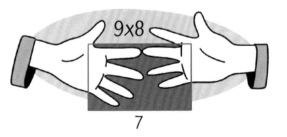

左手 1 根，右手 2 根。

所以是 2×1=2

72

如果相乘得出了两位数，就拿出十位数上的 1，加到之前算出的十位数上，像这样：

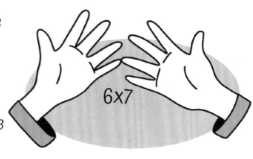

9x8

6×7

相碰的两根手指，加下面的手指 =3

$3\_$

上面的手指 = 左手 4 根，右手 3 根……

$4 \times 3 = 12$

312
42
$6 \times 7 = 42$

6x7

为什么？

这些窍门之所以好用，是因为我们用 10 进制计数。10 附近的数字，比如 9 和 11，遵循非常简单且明显的规律。手指计算器使用 10 根手指。解题过程其实就是在计算每个数字离 10 有多远。把这些数字按照正确的顺序排列，你就能得出结果。

你知道吗？

很久以前，没有计算机和计算器的时候，人们用算盘算数，利用的就是类似的原理。每行珠子分别代表个位、十位、百位，以此类推。你可以移动珠子，进行计算。

圆点互换

这个魔法非常容易操作！向朋友展示一张纸，上面画着两个不同的圆点……告诉他们，只要把纸折起来，你就能让两个圆点互换位置。

魔法开始

先找一张纸，画两个圆点——可以画一个橙色的，一个黑色的。
两个点大小相同，要在纸张中间均匀分布。

当然，你也可以画两个不同的圆形标志，像这样：

不管画什么，只要别让笔的颜色渗到纸的背面就行！

现在，先把纸从左往右对折，像这样：

再从上往下对折，像这样：

现在，纸已经折好了。你可以装出施魔法的样子，比如在纸上方挥几下手，口中念念有词。或者拿根魔杖指一下。（干脆用你的魔法手指也行！）从右下角开始，打开纸。

用左手的拇指和食指捏住右下角的第一层纸。右手捏住最底下一层。

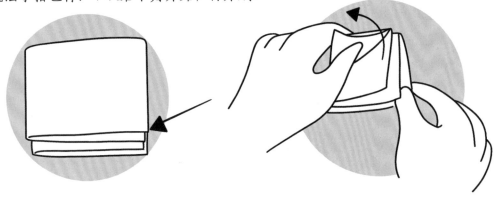

捏住两个角，快速拉开，看……

嗒哒！两个圆点的位置互换了。

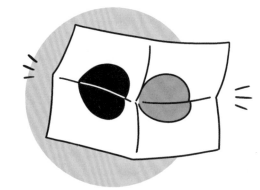

为什么？

打开纸的方向，与你之前折纸的方向恰好相反。折好的纸向上打开，实际上让整张纸顺时针转了半圈。由于你动作太快，人们很难注意到这一点。而且因为圆形没有上下之分，所以看起来就像是两个点互换了位置。

简便百分比

百分比的确有点难，不过也能变简单。

"百分比"是指"每一百个当中有多少"。例如：50%（百分之五十）是指一半，因为 50 就是 100 的一半。

百分比的题目一般会这么问："10 的 50% 是多少？"

50% 就是一半。10 的一半就是 5。

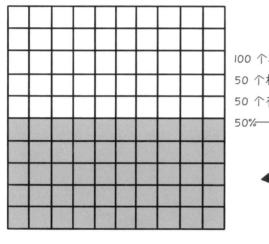

100 个格子
50 个格子
50 个在 100 个当中 =
50%——也就是一半！

10 个格子
5 个格子
5 个在 10 个当中 =
50%——也就是一半！

这个例子不太难，但有些题却很让人头大。试试这个小技巧，可以帮你把题变简单。

魔法开始

你只需要知道一个神奇的事实……
所有的百分数，反过来都是相等的。也就是说 10 的 50% 就是 50 的 10%。

试试吧！

假设你要解这道题：50 的 30% 是多少？
挺难吧？交换下位置试试，可能会简单点。50 的 30% 等于 30 的 50%。50% 就是一半。所以答案就是 30 的一半——15。

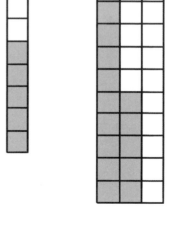

如果 30 的 50% 是 15，

那 50 的 30% 也是 15！

还有一个······

75 的 4%？就是 4 的 75% 啊！

75% 是四分之三，4 的四分之三就是 3。

所以 75 的 4% 就是 3！

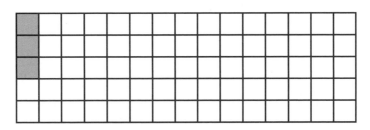

为什么？

看起来好像很神奇，其实很好理解。

两个数字相乘，不管哪个放在前面，结果都是一样的。

比如 4 × 3

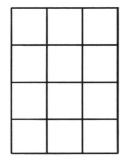

跟 3 × 4 是一样的

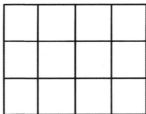

它们是一回事儿，结果都是 12。

计算百分比也是一种形式的乘法题。

你用一个数字乘以一个百分数。

例如，50% = 一半。

你也可以把它写成 0.5。

0.5 × 10 跟 10 × 0.5 是一回事。

10 的 50% 就是 50 的 10%。

奇异的错觉

这里有两个很酷的视错觉现象，可以用来骗骗你的朋友。

视错觉不仅与眼睛有关。其中一些也跟数字有关，跟你的大脑感知大小、形状和距离的方式有关。试试看吧！

哪里是中心？

魔法开始

看一眼右边的图片。

你觉得哪个点位于圆心呢？

也许你觉得是右边的点，
那你就错了！

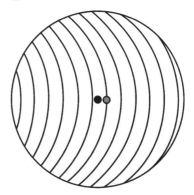

为什么？

这张图片欺骗了你的大脑，让它对空间和距离产生了错觉。你知道，圆心是那个左右两边空间一样大的点。

但是左图中，这些曲线使左侧的空间看上去显得窄一些。于是你的大脑判断，中心点应该在靠右一点的位置。

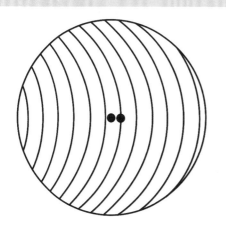

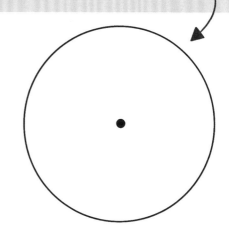

更高还是更宽

魔法开始

你觉得这个帽子是……

a）纵向上更长

还是

b）横向上更长

其实，它的高度和宽度是一模一样的！但大多数人会觉得纵向比横向长得多。

为什么？

如果两个东西长度相同，但是一横一竖。大脑通常会把竖着的东西看得比横的长一些。为什么？可能是因为人类有两只眼睛，所以人的视野是一个扁的椭圆形。

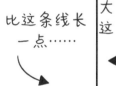

比这条线长一点……

大多数人觉得，这条线……

尽管它们完全一样长。

水平方向的线段占据水平视野的比例小一些。

垂直方向的线段占垂直视野的比例大一些。

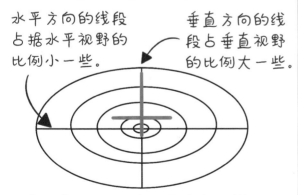

可能这就是竖线看起来更长的原因。不过，真正的原因还没人清楚。

动动脑！

有一个方法可以测试这个理论：不要用尺子，在白纸上徒手画一个正方形。

画完后量一下。大多数人会画得太宽，因为它视觉上比实际上显高。

完美的透视图

小孩子画房子可能会画成这样：

不过画家画的就会更立体也更真实，像这样。这种画能够表现出距离感和纵深感，叫作"透视"。

那画家是怎么画出立体效果的？拿一支铅笔，试试这个简单的技巧吧！

魔法开始

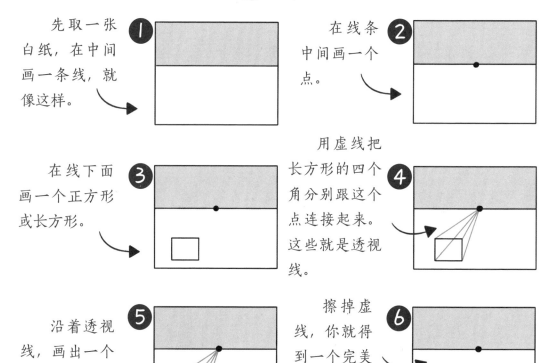

先取一张白纸，在中间画一条线，就像这样。

①

在线条中间画一个点。

②

在线下面画一个正方形或长方形。

③

用虚线把长方形的四个角分别跟这个点连接起来。这些就是透视线。

④

沿着透视线，画出一个3D的长方体。

⑤

擦掉虚线，你就得到一个完美的长方体。

⑥

你可以用这个方法多画一些长方体。想画多少就画多少。加一些细节，把它们变成建筑、家具等。

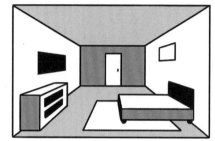

为什么？

现实世界中，我们看到的**东西是立体的**。物体离我们越远，看起来就越小。如果远到一定程度，就看不到了。假设你站在一条笔直的大路上向远处望，这条路最后会变成一个点，就像消失了一样。这个点叫作"消失点。"

利用一个点和几条透视线，我们可以重现这种效果，让你的画变立体！

消失点

你知道吗？

你还可以用两个消失点画出透视图。就像这样。试试看吧！

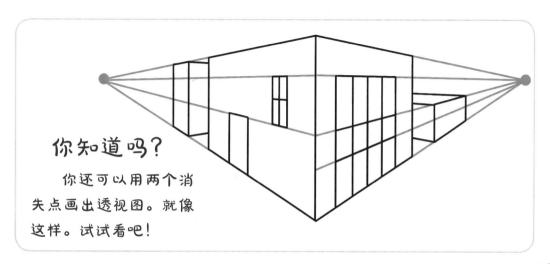

平均数真相

这是一个帮你猜数字的神奇魔法。参与的人越多,效果就越好。比如一大家子人,或者一个班级也行。这个可不只是有趣……简直能玩上一整天!

魔法开始

这个小魔法需要很多一样大的小物件。比如珠子或者纽扣。还需要一个透明的罐子或容器来盛它们。

把珠子或纽扣装进容器。让每个人都猜猜里面一共有多少颗。大家分别写下自己的答案,但是不能告诉任何人(避免互相抄袭)。

现在把所有答案收集起来,列成一张单子,像这样……

这种有图案的珠子最好用。

156- 妈妈
345- 爸爸
361- 爷爷
555- 奶奶
560- 塔里克叔叔
703- 阿依莎婶婶
740- 凯末尔
872- 扎依那
1400- 玛丽亚姆
2828- 哈姆扎

数数单子上一共有几个答案——这张上有 10 个。然后用计算器把所有的答案加起来。

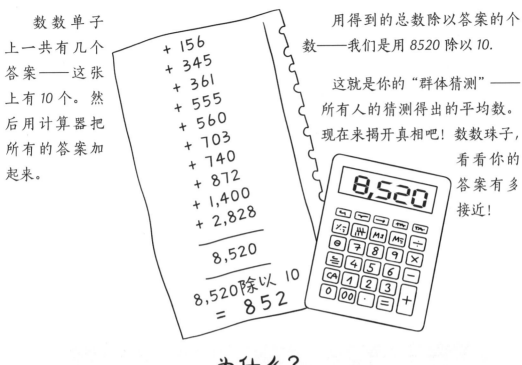

+ 156
+ 345
+ 361
+ 555
+ 560
+ 703
+ 740
+ 872
+ 1,400
+ 2,828

8,520

8,520除以 10
= 852

用得到的总数除以答案的个数——我们是用 8520 除以 10.

这就是你的"群体猜测"——所有人的猜测得出的平均数。现在来揭开真相吧！数数珠子，看看你的答案有多接近！

为什么？

顺利的话，你会发现这个"群体猜测"还挺准的！这个魔法被称为"群体的智慧"。如果很多人一起猜一个数字，大多数人都会猜错。但所有答案的平均数却可能与正确答案非常接近。

你知道吗？

1906 年，英国乡村的一个集市上正在举办猜测公牛体重的比赛。数学家弗朗西斯·高尔顿就是在那里发现了这种现象。

完美的正五边形

五边形是一种有五条直边的图形。正五边形的五条边长度完全相等,五个角的角度也完全一样。

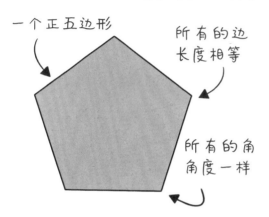

一个正五边形

所有的边长度相等

所有的角角度一样

五边形可不好画。正方形,三角形、六边形都很容易画。但五边形就难得多。

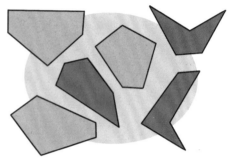

但这些也都是五边形。

所以,要是你让别人用纸折出上图这种完美的正五边形,他肯定觉得简直不可能! 你自己也来试试看吧。

魔法开始

别怕! 要是你在关键时刻需要一个正五边形,有个又快又简单的超棒小技巧,瞬间就能帮你做到!

先剪下一张直直的长纸条。纸条宽度不限,不过 3~4 厘米宽是最容易上手的。

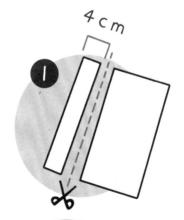

4 cm

小心地把纸条打个结。这个过程中要确保纸条平整,并且尽可能把纸条拉紧。然后把结压平。把剩余的纸折好,剪掉边缘。你就有了一个完美的正五边形。

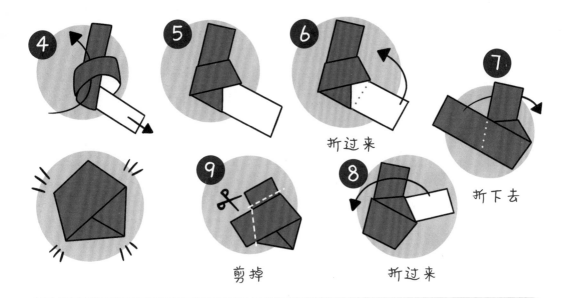

折过来

折下去

剪掉

折过来

为什么？

这个魔法能成功，是因为打结时，纸条一定会被折成108度的夹角——这个角度正好跟正五边形的角度相等。

现在，你可以做出任意大小的五边形了。

你知道吗？

用正方形的纸，也有可能折出完美的正五边形。但是非常困难，而且可能要花很长时间。也许你得先成为折纸专家才行。

派对帽

这个帽子魔法看起来简单，却需要你动动脑子。你可以照着书自己尝试一下。也可以拿朋友们做个实验。（如果你有合适的帽子！）

魔法开始

哈迪·六边教授要举办生日派对。

她打算跟客人们做个游戏。

她让自己的朋友玛丽亚姆和泰瑞面对面坐好，向他们展示自己的三顶派对帽——两顶红色的，一顶黑色的。

现在，她请两人闭上眼睛，然后给他们各戴上一顶红帽子。

（她把黑色帽子藏了起来，不让他们看见。）

玛利亚姆和泰瑞睁开眼睛，他们能看见对方的帽子，却看不见自己的。他们需要猜出自己帽子的颜色，但是不能告诉对方，也不能提问。谁先猜对谁获胜！玛利亚姆和泰瑞看着对方，想了想。忽然，两人一起喊道："我的是红的！"

他们怎么知道的呢？

为什么？

玛利亚姆看着泰瑞，发现他戴的是红色帽子。这就意味着她自己戴的要么是红色，要么是黑色。因为一共有两顶红帽子，一顶黑帽子。但是，聪明的玛利亚姆意识到，如果自己的帽子是黑的，泰瑞一定第一时间就会说他的帽子是红的，因为只有一顶黑帽子。泰瑞也很聪明，他也想到了这一点。所以，两人打成了平手。

你知道吗？

你可以找三个人、甚至更多人来玩这个游戏。用不同数量、不同颜色的帽子。试试吧！看看会怎么样！

农场主的羊

看这个羊圈难题——先自己试试，再看看你的朋友能不能解决。

魔法开始

农场主方程很喜欢自己的24头羊，把它们分别关在8个羊圈里，绕着农舍围成一圈。

农舍是个立方体，四面墙上各有一扇窗。方程喜欢数字，于是巧妙地把羊分配到羊圈里。从每扇窗子都能看到9只羊。

一天，方程过生日，他的朋友芬数又送给他一只羊。

"嗯，"方程想，"这只新羊要放到哪个羊圈呢？我还是希望从每扇窗子都能看见9只羊。"应该怎么放呢？

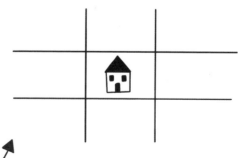

你可以在纸上画出羊圈，帮助你解题，像这样：

为什么？

确实有办法！ 不过要想成功，农场主还得移动其他羊圈的羊。这就是其中一种方法——可能还有其他办法哦！

农场主把新羊放进这个羊圈。

又把一只羊从这个羊圈挪到这里。

农场主的猪

与此同时，农场主芬数也遇到了牲口难题。

她想把九头猪放进四个猪圈，要求每个猪圈里的猪都是单数。

要怎么放呢?

在纸上画出猪和猪圈，尝试解出答案吧!

为什么?

思考了一会儿，芬数想到，有个巧妙的方法可以解决这个难题。

她先建了三个猪圈，每个猪圈放三（是单数）头猪。

然后她又建了一个大猪圈，把三个小猪圈包起来! 大猪圈里有九头猪，也是单数。

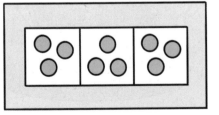

她还可以用左图这种方法:

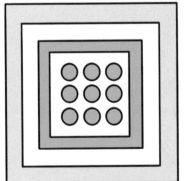

你还能想出其他办法吗?

切蛋糕

阿达、阿尔伯特和阿兰举办了一个派对！这次，他们要分享一个蛋糕。

魔法开始

向你的朋友发起挑战吧！
等他们搞明白，肯定直骂自己笨！

派对上有 8 位数学家。每人都想要一块蛋糕。每块蛋糕的形状和大小都必须一模一样。你肯定觉得非常简单。

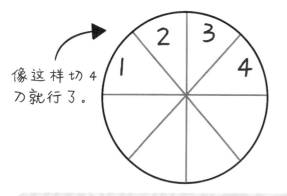

像这样切 4 刀就行了。

不过，他们决定挑战一下自己：蛋糕要平均分成 8 块，但是只能切 3 刀。

8 块必须切 4 刀啊！3 刀怎么切成 8 块呢？

为什么？

想出来了吗？ 答案非常简单。你只需要横向思考！
横向思考的意思就是"横着切"——看，是 8 块！

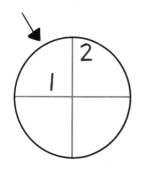

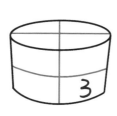

谁坐热气球

这里还有一道挑战脑力极限的题目，肯定会难倒你的小伙伴！

魔法开始

米莉·麦数伯格给比尔·拜伦打电话，请他帮自己全家预订一次热气球旅行。

"一共有 3 位妈妈、5 位女儿、1 位姥姥、3 位外孙女、4 位姐妹和 3 位表姐妹。"米莉说。

"天哪！"比尔说，"可是热气球上只有 6 个座位。"

"没问题，"米莉说，"正好能坐下。"

你知道为什么吗？

在家里，每个人都有好几个身份——所以，其实一共只有 6 个人。

为什么？

你肯定觉得，米莉家人太多了。别急，仔细想想。

她们在这儿呢……

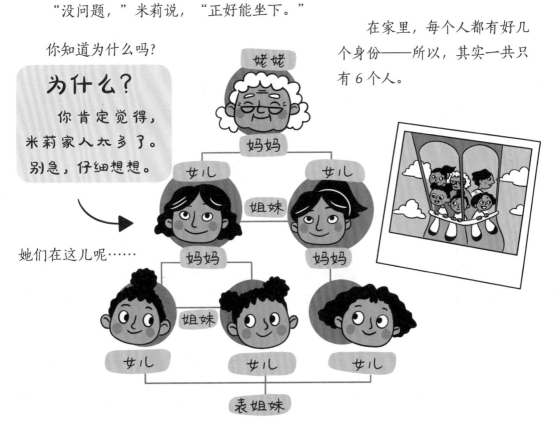

正反魔法

用这个烧脑难题让你的观众大吃一惊吧！先找个人把你的眼睛蒙起来，在你面前放三枚硬币。

现在让他把硬币摆成一排，弄成有正有反的样子。正反顺序不重要，只要不是全正或全反就行。比如，他可以这样摆：

现在告诉对方，你只需要翻三次，就能让所有硬币同一面朝上，尽管你什么都看不见！为了证明你没作弊，让对方帮你翻。

魔法开始

步骤如下。 用手托腮，做出努力思考的样子。然后让对方帮你把第一个硬币翻过来。

如果现在所有硬币已经一样了，对方肯定很惊讶！要是还没有，就说："还没翻完呢！"让对方再翻第二枚。

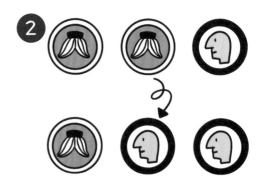

要是这次所有硬币都一样了，就鞠个躬。要是还没有，就说，"真是有点难呢！必须使用第三次机会了，这是最后一次！"装出一副努力思考、很难决定的样子。让对方把第一枚硬币再翻一次。

为什么？

这个小把戏能成功是因为三枚硬币只有六种正反面组合。而你的策略适用于每一种。

如果是这两种组合中的一种，翻第一枚就能成功。

如果是这两种组合中的一种，翻第一枚和第二枚就可以了。

如果是这两种组合之一，你需要先翻第一枚和第二枚，然后再翻一次第一枚。

嗒哒！

找出冒牌货

这个硬币难题会让你的朋友想破脑袋。你不需要真正的硬币——只需要大脑的力量！挑战来了：

你有9枚金币——至少9枚，像这样：

不过其中1枚是假的，比其他8枚稍微轻一点。

你不能通过观察或掂重找出冒牌货。只能用一架老式天平来称重，就是这种：

天平已经调好了，保证两边完全平衡。

可是，你只能用天平称两次。怎样才能找出冒牌货呢？

你可以把金币放进两边的托盘，重的一边会沉下去。

魔法开始

显然，你可以一个一个地称所有的金币。但那样就需要称好多次。两次肯定不够。还好有个办法……

把九枚金币分成3堆。

把两堆金币分别放进两个托盘。

要是有一枚轻一点，它就是冒牌货。要是两枚一样重，那第3枚就是冒牌货。

就这么简单！

要是某一堆轻一些，冒牌货就在这一堆里。要是两堆一样重，冒牌货就在第3堆（还没称的那堆）。现在，找出有冒牌货的那堆。重复刚才的步骤！先拿掉一枚，另外两枚分别放进两个托盘。

为什么？

只要能把金币分成3堆，你就能用这个方法找出轻的那堆。

所以，如果你有3枚金币，只用一次天平就行了。

如果有9枚，就要用两次。

那要是能称3次呢？就能从27枚金币中找出冒牌货！

找出冒牌货！

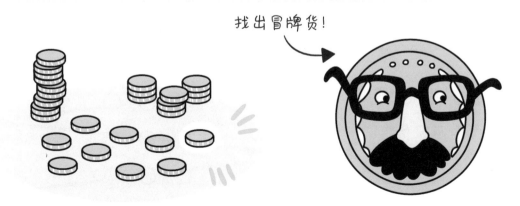

连点成线

一个简单的连线挑战，可以用来迷惑你的朋友们。

魔法开始

先画出三行三列九个点，像这样：

挑战是一笔画出四条直线，中间不能让笔尖离开纸，让这些线把所有点连起来。（也不能把纸折起来哦！）

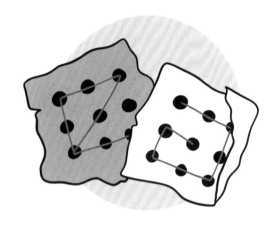

大家都觉得，至少五条线才能连接所有的点。但你不用……

为什么？

你要跳出这个框框来思考！只需要把线画得长一些，让它们超出点阵的边缘。这是其中一种画法……

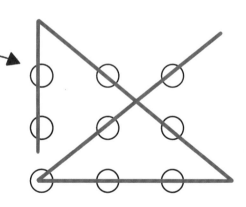

你知道吗？

如果你真的很聪明，三条线就足够了。（把点画大画圆会更简单。）

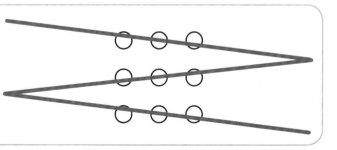

逃出井口

有只老鼠掉进了一口深井。井壁又陡又滑。幸运的是，老鼠没有受伤，井也是空的。可它得逃出去呀！

魔法开始

老鼠每分钟可以沿着井壁向上爬三十步。可紧接着它就要停下来休息一分钟。同时会滑下来 20 步。

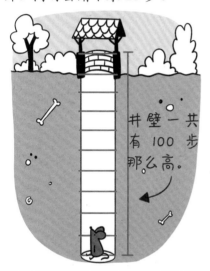

井壁一共有 100 步那么高。

老鼠需要几分钟才能爬出井口呢？看看你的朋友们能不能猜对。

你是不是觉得需要 20 分钟？你能算出正确答案吗？

为什么？

每两分钟，老鼠能前进 30 步。然后再倒退 20 步。

所以你会觉得，它每两分钟能前进 10 步……走完 100 步需要 20 分钟。但是别忘了，一旦它爬出井口，就不再需要休息，也不会再倒退了。

用时总计：15 分钟。

14 分钟后，老鼠已经前进了 70 步。

下一分钟，它就可以再前进 30 步，已经到达井口了！

100

70

相互碰触的硬币
四枚硬币考考你

这个小把戏听起来超级简单。如果你向家人或朋友发起挑战，他们肯定说："太简单了！"不过，他们到底要花多久才能做到呢？

三枚硬币的话非常简单。

魔法开始

你需要四枚同样花色和大小的圆形硬币，还有一张平整的桌面。挑战是把四枚硬币摆好，让它们都能彼此接触。换句话说，每枚硬币必须都能碰到其他三枚。

可是，四枚就不是那么回事儿了。

这种摆法是不对的，每枚硬币只能碰到其他两枚，不是三枚。

每枚硬币都能碰到其他两枚。

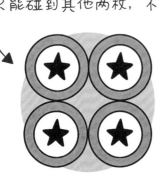

这样也不行！最左边和最右边的硬币根本没有碰到。

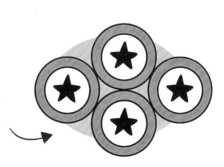

为什么？

所以，就是不可能吗？当然可能！不要把四枚并排摊开，而是下面放三枚，上面再摆一枚——这样就能互相碰到了。

五枚硬币考考你

也许你的朋友觉得刚才那道题很简单。那就来个更难的吧!

魔法开始

这道题跟上一道一样,只不过硬币变成了五枚。跟四枚一样,你也可以把五枚硬币叠着放,可是要怎么放呢?

为什么?

有些人可能会直接放弃,不过确实有办法。

把一枚硬币放在桌上。

在它上面并排放两枚,让这两枚在第一枚的中间互相触碰。

把剩下两枚竖起来,一端放在第一枚上,表面碰到另外两枚,再让它们同时向内倾斜,顶端相碰,斜着搭起来。看,现在五枚硬币全都互相触碰了。

涂色挑战

这个挑战属于数学中最有名的难题之一。先自己试一下，再让你的朋友试试这个不可能完成的任务。

魔法开始

首先，你需要一个由许多形状组成的线条图，比如这种：

你可以临摹到纸上……

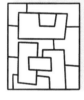 

也可以自己画——只要你喜欢，什么形状都可以。

也可以上网找一张。那种画出很多国家或很多州的线稿地图就很合适，比如这张非洲地图。

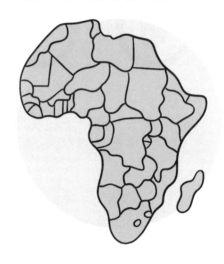

挑战就是，用不同的颜色把形状填满，相邻的两个形状颜色必须不同。

相同颜色的形状可以共用一个点，

但是不能共用一条边。

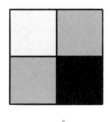 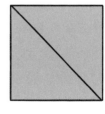

 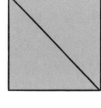

最最重要的是，要尽量少用几种颜色。你最少要用几种颜色才能完成这个挑战呢？

小贴士：要是笔的颜色不够多，你可以用不同的纹样代替。比如条纹、点点或折线。

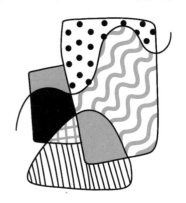

为什么？

要是能用不超过四种颜色完成挑战，那么恭喜你！

数学家们已经证明，按照这个规则，最多用四种颜色就能涂满所有的图形。

当然，有些简单的图形用不了四种——

不过就算最复杂的图形，需要的颜色也绝对不会超过四种。

挑战你的朋友，看看他们是否只用三支笔就能填满其中一张图。

或者，让他们画一张图，复杂到必须用超过四种颜色来填满。他们肯定画不出来。

棋盘格就是个很好的例子。

过河难题

最后，是一道著名的难题。这只兔子的命就靠你了！

魔法开始

数学天才阿依莎·阿巴克斯（译者注：原文为 abacus，意为"算盘"）遇到了一个棘手的问题。

她需要用一艘小船，载着自己、一只狐狸、一只兔子还有一篮胡萝卜过河。

问题是，船太小了，一次只能载两样东西——也就是她自己和另外一个动物或物品。而她必须在船上，因为狐狸和兔子不会划船。只要能把东西全都运过去，划多少趟都可以。但是她不能单独留下狐狸和兔子，因为狐狸会吃掉兔子。也不能单独留下兔子和胡萝卜，因为兔子会吃掉胡萝卜。

她该怎么办呢？要划多少趟才能过河？你能算出来吗？

如果你能——或者已经瞄到了正确答案——就让别人试试吧！

为什么?

这个难题可以解决——前提是兔子要过不止一次河。答案在这里。

阿依莎带兔子过河,把狐狸和胡萝卜留下。

再自己划船回来。

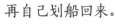

现在她带狐狸过河。

回来的时候带着兔子。

她带上胡萝卜过河,让胡萝卜和狐狸待在对岸。

自己划船回来。

最后再带兔子过河。

一共只用了七次!

简单!

125

名词注释

算盘：一个长方形的框子，里面有一排排珠子，用于计算。

变形画：一种描绘拉伸变形物体的画，从特定角度看，又会变成正常的画。

平均数：一组数字的平均值。把所有数字相加，然后除以数字的个数，就可以得出。

二进制：一种以 2 为基数的计数系统，不同于我们最常用的、以 10 为基数的计数系统（十进制）。

周长：圆一周的长度。

齿轮：周围有一圈突起（或"齿"）的轮子，用来和另一个齿轮卡在一起，一个齿轮可以带动另一个齿轮。

常数：一个永远不变的数字或值，比如圆周率。

小数：介于两个整数之间的数字，它的一部分写在小数点后面。比如：3.75。

度：一种用来描述夹角或把整个圆等分的单位。一个完整的圆是 360 度。直角（正方形的角）是 90 度。

直径：经过圆心，连接圆上两个点的直线的距离。

数字：单个的表示数的符号。数学中，我们常用的数字是 1、2、3、4、5、6、7、8、9、0。数字可以组合成更大的数字。

替换：占据某个东西原来的位置。

十二面体：一种有 12 个平面的立体图形，通常是 12 个相同的正五边形。

加密：是指把信息或其他内容转换成代码的过程。

密钥：解读加密信息所需的数字或其他信息。

工程师：设计、建造或修理机器、发动机或某种构造（比如桥梁）的人。

等边三角形：三条边长度相等的三角形。

尤里卡！：古希腊语，意为"我发现了！"

指数增长：是指一个数字或数量增长得越来越快，很快就导致了一个非常大的结果。

公式：一个规则或一组规则，可以用来进行某一类计算。

分形：一个图形通过放大或缩小的方式不停重复自己。无论把分形图案放大或缩小多少倍，你会发现每部分的模式都是相同的。

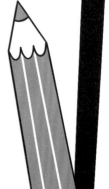

名词注释

分数：一个数字或数量的一部分，被写成这一部分与整体的比例。比如 3/4 是指把一个整体分成四份后其中的三份。

档位：是指在互相带动的齿轮系统中，那些负责改变转动速度的齿轮。

六边形：六条直边构成的图形。

六边形数：如果某个数量的点可以排列成六边形的形状，这个数字就是一个六边形数。

水平方向：是指一条线或一个物体是横向的，比如地平线。

无穷：是指某个东西不会结束，没有极限。数字是无穷的，因为不存在最大的数字。

幻方：一种由数字排列成的正方形。不管是横向、纵向还是对角线上的数字，相加得到的和都是相等的。

星型幻方：由数字排列成的星形，其中每条直线上的数字相加得到的和都是相等的。

三角形幻方：由数字排列成的三角形，每条边上的数字相加得到的和都是相等的。

数学家：数学方面的专家。

莫比乌斯环：用纸条或其他材料做成的半扭曲的圆环。

网：立体图形的平面展开图。

八面体：一种有八个平面的立体图形。

视错觉图片：一种能迷惑大脑的图片，让你看见与真实情况不符的画面。

圆规：一头有尖针、另一头能固定铅笔的仪器，用来画圆。

透视：世界从某个角度看起来的样子。越远的物体看起来就越小。

圆周率：是一个小数，约为 3.141592。用任何圆的周长除以它的直径都会得出这个数字。

多边形：直边组成的形状，如三角形、正方形和六边形。

多面体：一种由平面、直边和角组成的立体图形。

质数：只能被 1 和自身整除的数，比如 17。

名词注释

证明：是一种过程，用来说明某种数学上的观点或理论是正确的。

半径：从圆心到圆上任意一点的距离。

规则的：在一个规则的图形中，所有的边或面，以及它们之间的夹角都是相等的。

直角：90 度的角，比如正方形的角。

旋转对称：是指一个图形旋转到另一个位置后，能与原来的形状重合。

半圆：半个圆。

数列：遵循一定规则的一系列数字，根据规则，可以预测下一个数字是什么。

平方数：一个数跟自己相乘得到的结果，比如 9（也就是 3×3）。平方数数量的点也以排列成一个正方形。

对称：两边完全一样的图形就是对称图形——一边是另一边的镜像。

平面镶嵌：镶嵌图形是指能彼此完美拼接，完全不会重叠，也没有空隙的图形。

四面体：一种立体图形，有四个三角形的平面。

三角形数：这种数量的点可以排列成三角形。

垂直方向：就是纵向或上下方向。比如灯柱就是垂直方向的东西。

体积：一个物体占据的空间。

整数：一个完整的数字，如 3、10 或者 200。而不是分数或小数，比如 3½ 或 3.5.